U0178604

本书为国家社会科学基金资助项目“城市地下空间安全的外部性控制与治理研究”
（项目号：13BGL130）结项成果

城市地下空间安全的
外部性控制与治理

赵丽琴 著

EXTERNALITY CONTROL AND GOVERNANCE OF URBAN UNDERGROUND SPACE SECURITY

社会科学文献出版社
SOCIAL SCIENCES ACADEMIC PRESS (CHINA)

摘 要

城市地下空间的开发利用，极大地缓解了城市人口急剧增加导致的“环境恶化、交通拥堵、空气污染”等城市综合症，但安全设施配套不足，居民的安全意识差，城市地下空间安全管理制度、法律法规滞后等因素，使得城市地下空间安全问题日益突出。

本研究通过梳理国内外有关地下空间安全管理的文献和实地调研我国城市地下空间的安全现状，对地下空间易发的灾害事故类型进行统计分析，从系统论、复杂性理论、耗散结构论、协同论、突变论等多个维度解析地下空间安全，构建了地下空间安全系统；在此基础上，探讨了地下空间安全系统的运行机制，即地下空间的危险扰动因素在一定的触发条件下，可能会引发安全事故，产生巨大的安全外部性问题。从地下空间的“熵机制”和“脆性机制”两个维度探讨了地下空间安全事故的触发条件，研究了地下空间安全外部性的表现及特征，探讨了外部性产生的微观机理，进一步研究了地下空间安全外部性的控制与治理机制，建立了地下空间安全外部性控制模型，提出了从组织保障、制度保障、技术保障和资金保障四个方面控制地下空间的安全外部性，并提出政府治理、社会治理、市场治理和企业治理的治理措施。从政府治理的视角对地下空间安全外部性进行了分析，构建了政府管制机构与经营企业之间的博弈模型，提出了政府管制的具体措施。从制度设计的视角分析了地下空间安全制度缺乏的现状，构建了地下空间利益相关者之间的委托代理模型，提出了从国家立法、政府监管、企业经营管理、社会监督、安全保险制度等多个层面进行制度设计的构想。构建了城市地下空间安全预警平台。以某个地下空间为例，从安全预警平台的系统需求、系统设计等方面进行了介绍。

关键词：城市地下空间；安全；外部性；控制与治理

目　录

第一章 绪论

城市公共空间是城市居民进行交往（如交通、购物、休闲、娱乐）的公共活动场所，随着城市化进程的快速发展，城市人口急剧增加，带来大气污染、交通拥堵、水资源短缺、治安恶化等问题，越来越影响居民的日常生活。城市人口的快速增加，导致城市地面公共空间供给相对不足，城市公共空间中的安全问题也日益凸显。为了缓解环境恶化、交通拥堵、空气污染等城市问题，城市公共空间的开发利用由地上转入地下，大城市或特大城市的地下交通设施、地下管网、地下停车场、地下商业设施、大型地下综合体的开发利用进入新一轮的高峰期。因此，城市地下空间的安全问题也成为城市化进程中面临的重大问题，基于此，提出本研究课题，对城市地下空间的安全管理现状、问题进行剖析，以期对事故的预防控制提出建议，为城市管理者提供决策参考。

第一节 城市地下空间安全管理的研究背景

一 国家安全战略的重要内容

2012 年 11 月，党的十八大报告明确提出了“加强公共安全体系建设”，并在相关法律制度建设上加强。2014 年 10 月，十八届四中全会提出了“加强公共安全立法，推进公共安全法制化的要求”。2015 年 5 月 29 日，中央政治局就公共安全问题进行第二十三次集体学习，内容涉及社会治安综合治理、农产品质量安全、防灾减灾、安全生产以及食品药品安全监管等 5 个主要问题，表明公共安全在国家发展战略中的重要性和基础地位。2015 年 7 月，第十二届全国人大常委会通过中华人民共和国主席令第 29 号《国家安全法》，其中第三条提出：构建国家安全体系。《国民经济和社会发展第十三个五年规划纲要》（2016 年 3 月）第七十二章提出“健全公共安全体系”，从“全面提高安全生产水平，提升防灾减灾救灾能力，创新社会治安防控体系，强化突发事件应急体系建设”等四个方面具体实施。城市作为非农业生产和非农业人口聚集的居民点，其安全生产、防灾减灾、社会治安、突发事件应对等责任重大，地下空间作为新阶段城市发展的新模式，其公共安全问题同样不容忽视。

2014 年 6 月国务院办公厅颁布的《关于加强城市地下管线建设管理的指导意见》指出，各级政府应把城市地下管线建设与管理作为履行政府职能的重要内容，不断提高创新能力，多项政策措施并举，全面加强城市地下管线建设管理，统筹地下管线规划建设、管理维护与应急防灾等全过程。2016 年 5 月住房和城乡建设部印发了《城市地下空间开发利用“十三五”规划》，以促进城市地下空间科学合理开发利用，指导各地开展地下空间开发利用规划、建设和管理。该《规划》指出，地下空间开发利用在规划建设、权属登记、工程质量和安全使用等方面的制度尚不健全，地下空间开发利用坚持的原则之一为：生态优先，公共利益优先，保障公共安全。在国务院批准的全国各省（区、市）的城市规划中，均提出合理开发和利用地下空间。到目前为止，已经有北京、上海、广州、南京、重庆、青岛、深圳、杭州、沈阳、武汉等几十个城市编制了城市地下空间规划。城市地下空间作为城市公共空间的重要组成部分，缓解了城市地面空间不足、交通拥堵、环境恶化等问题，承载了地面公共空间的休闲、娱乐、购物和交通等功能，是城市现代化发展的重要标志。在城市地下空间开发利用的同时，其安全问题也不容忽视。

二　城市可持续发展的现实需要

可持续发展（Sustainable Development）是践行科学发展观的基本要求。1980 年，国际自然保护联盟（International Union for Conservation of Nature，IUCN）发布的《世界自然资源保护大纲》首次提出“可持续发展”的观点，1981 年美国学者布朗（Lester R. Brown）在《建设一个可持续发展的社会》中提出，应通过控制人口增长、保护自然资源和开发再生能源三大举措来实现可持续发展。1987 年，世界环境与发展委员会发布《我们共同的未来》报告，提出世界各国普遍接受的可持续发展的定义，即可持续发展是“既能满足当代人的需要，又不对后代人满足其需要的能力构成危害的发展”。1997 年中共十五大提出在我国“现代化建设中必须实施可持续发展战略”。《中国 21 世纪人口、资源、环境与发展白皮书》（2000 年）把“可持续发展战略”纳入我国经济和社会长远发展战略规划。中共十六大进一步把“可持续发展能力不断增强”作为我国全面建设小康社会的重要目标之一。

城市可持续发展是可持续发展的重要方面，涉及资源、环境、经济、社会、生态等多个维度。随着城市化建设的不断发展，城市人口快速增加。据统计，1985 年城镇人口为 25094 万人，到了 2011 年城镇人口为 69079 万人，城镇化率达到 51.27%，城镇人口首次超过农村人口。据中国科学院中国现代化研究中心发布的《中国现代化报告 2013——城市现代化研究》预测，到 2050 年城镇人口为 11 亿～12 亿，城镇化率为 77%～81%。城市人口急剧膨胀，虽然城市规模也在不断扩大，但远远跟不上人口的增长速度，导致城市资源严重短缺，如住房、交通、教育、医疗、卫生、公共服务等都供不应求，地面空间供应不足、交通拥堵成为常态、空气污染愈加严重，公共设施严重短缺，城市灾害频繁发生，城市防灾能力薄弱，城市防灾制度、技术、资金、人员等严重不足。城市安全面临巨大挑战，正视城市发展中出现的问题，寻求合理有效的解决途径，成为保障城市可持续健康发展的紧迫要求。

城市化进程的快速发展，使得城市人口暴涨，对城市公共空间的需求越来越大。公园、地铁、购物中心、影剧院、图书馆等城市公共空间的人流密度增加，安全设施配套不足，居民的安全意识差，城市安全管理制度、法律法规滞后等因素，导致城市公共空间的安全事故频发。笔者梳理了 2000 年以来国内外发生的城市重大公共安全事件，如 2000 年 3 月 29 日，河南省焦作市山阳区一家个体私营影视厅突发火灾，造成 74 人死亡，1 人烧伤。2001 年美国发生的“9·11”事件，遇难者达 2996 人。2002 年 6 月 16 日北京蓝极速网吧大火造成 25 人死亡。2003 年席卷全球的“SARS 疫情”，造成全球共 774 人死亡，其中中国死亡 647 人。2004 年 2 月 15 日吉林中百商厦特大火灾造成 54 人死亡、70 多人受伤。2005 年 11 月 13 日，吉林石化公司双苯厂一车间发生爆炸事故造成 5 人死亡、1 人失踪，近 70 人受伤，爆炸发生后，约 100 吨苯类物质（苯、硝基苯等）流入松花江，造成了江水严重污染，沿岸数百万居民的生活受到影响。2007 年 12 月 5 日山西新窑矿难造成 104 人死亡、15 人受伤。2008 年 9 月 20 日深圳市龙岗区龙岗街道龙东社区舞王俱乐部发生特大火灾，造成 44 人死亡、88 人受伤；当年还有中国南方雪灾、汶川大地震、三鹿奶粉事件。2009 年 1 月 31 日福建省长乐市拉丁酒吧发生特大火灾，共造成 15 人死亡；当年还有世界范围内发生的甲型“H1N1”禽流感疫情，中国北京央视大楼起火事件，新疆“7·5”

事件。2010 年 11 月 5 日吉林珲春商业大厦火灾，造成 19 人死亡、24 人受伤；当年还有南京“7·28”燃气泄漏事件、上海“11·15”高层住宅大火事件。2011 年温州“7·23”动车追尾事故，造成 40 人死亡、172 人受伤，中断行车 32 小时 35 分钟，直接经济损失 19371.65 万元；当年还有日本 3 月 11 日发生的大地震，甘肃“11·16”幼儿园校车事故。2012 年北京“7·21”暴雨事件，导致 79 人死亡、160.2 万人受灾，经济损失 116.4 亿元。2013 年昆明“3·21”暴恐事件，导致 31 人死亡、141 人受伤；当年还有青岛“11·22”输油管道爆炸事故，导致 55 人死亡。2014 年上海外滩“12·31”踩踏事件，造成 36 人死亡，49 人受伤。2015 年天津“8·12”爆炸事故，造成 165 人遇难、8 人失踪、798 人受伤，直接经济损失 68.66 亿元，等等。

城市公共空间安全事故频发，究其原因，与城市化进程的快速发展、城市人口暴涨关系密切。《中国新型城市化报告》（2012 年）指出，至 2011 年底，中国城市化率首次突破 50%，意味着中国城镇人口数量超过了农村人口，中国城市化发展进入关键阶段。以北京市为例，2000 年北京市常住人口 1364 万，到 2014 年末北京市常住人口达 2152 万①，而据首都经贸大学特大城市经济社会发展研究院发布的报告，目前北京在绝大多数时间点上，承载的人口已超过 3000 万[1]，短短十几年的时间，北京市常住人口增加了 58%。城市人口的快速膨胀，导致城市基础设施和公共服务相对短缺，同样对诸如公园、地铁、购物中心、影剧院、图书馆等城市公共空间的需求越来越大。与城市公共空间的人流密度增加相比，城市安全设施的配套相对短缺，居民的安全意识差，安全观念还没有树立，安全教育跟不上，城市安全法律制度不健全、安全管理相对不足等因素，

① 数据来源：国家统计局。

导致城市公共空间的安全事故频发。以最易发生的火灾事故为例，表1－1给出了2000～2015年国内的火灾事故统计结果。

表1－1　2000～2015年国内火灾事故统计结果

年份	发生起数（起）	伤亡人数		直接财产损失（万元）	环比增长			
		死亡（人）	受伤（人）		起数（%）	死亡（%）	受伤（%）	直接财产损失（%）
2000	189185	3021	4404	152217	－28.2	141.6	11.0	26.7
2001	216784	2334	3781	140326	14.6	－22.7	－14.1	－7.9
2002	258315	2393	3414	154446	19.2	2.5	－9.7	10.1
2003	253932	2482	3087	159089	－1.7	3.7	－9.6	3.0
2004	252704	2558	2969	167197	－0.5	3.1	－3.8	5.1
2005	235941	2496	2506	136288	－6.7	－2.6	－15.6	－18.6
2006	222702	1517	1418	78447	－5.6	－39.3	－43.5	－42.6
2007	163521	1617	969	112516	－36.2	－6.5	－31.6	44.1
2008	136835	1521	743	182203	－16.3	－5.9	－23.3	61.1
2009	129381	1236	651	162391	－5.5	－18.7	－12.4	－10.9
2010	132497	1205	624	195945	2.0	－2.5	－4.2	20.7
2011	125417	1108	572	205743	－5.3	－8.1	－8.3	5.0
2012	152157	1028	575	217716	21.3	－7.2	0.5	5.8
2013	388000	2113	1637	485000	155.0	105.5	184.7	122.8
2014	395000	1817	1493	439000	1.8	－14	8.8	9.5
2015	338000	1742	1112	395000	－14.4	－4.1	－25.5	－10.0

资料来源：历年《中国统计年鉴》，中国消防网。

一起起安全事故不仅导致大量的人员伤亡和巨大的财产损失，同时也制约着城市的可持续发展。十六届五中全会通过的《中共中央关于制定国民经济和社会发展第十一个五年规划的建议》特别强调我国城镇化建设必须“健康”发展，“十二五”规划提出积极稳妥推进城镇化，“十三五”规划强调优化城镇化布局和形态，建设和谐、宜居城市。城市化的健康发展必须注重城市的安全管理，安全是发展的前提、和谐的保障，城市公共空间的安全管理尤其重要。

三　城市可持续发展与地下空间开发利用

迄今为止，可持续发展的定义有100多种，中国学者将可持续发展定义为："可持续发展就是综合控制经济、社会和自然三维结构的复合系统，以期实现世世代代的经济繁荣、社会公平和生态安全"。城市可持续发展是指城市地域范围内，涉及经济、社会和生态等多个维度的可持续发展，谋求经济—社会—生态等系统的协调发展，使城市发展与城市人口、城市资源与城市环境相互适应，实现各种城市资源的可持续利用，使城市生态实现良性循环，在满足当代城市发展的需要的同时，也充分考虑了未来城市发展所必需的社会经济和环境支撑。[2]然而，中国自改革开放之后，城市大规模发展，人口迅速膨胀，规模不断扩大，粗放式的发展带来诸多问题，制约着城市可持续发展，其主要因素有以下五方面。

（一）城市人口迅速膨胀

据联合国人口基金会报告，2016年世界人口达到72.6亿，其中全球城市人口39亿，这一数据还将会继续增长，超大城市（城区常住人口1000万以上的城市）从1990年的10个上升到2016年的28个[3]，其中中国有6个，分别为北京、上海、广州、深圳、天津、重庆。据《2015年上海市国民经济和社会发展统计公报》，至2015年末，上海市常住人口总数为2415.27万，而在2000年上海常住人口为1609万，15年间人口增加了800多万，年均增长率为2.7%，人口密度3810人/平方公里，人口急剧增长成为城市可持续发展的一大制约因素。

（二）土地资源相对短缺

相关报告数据显示：中国城市建设用地面积从1981年的0.67

万平方公里扩增至2014年的4.99万平方公里，增长了6.44倍，年均增长率达6.27%，呈现明显扩张态势。年均增长面积方面，1981～2014年净增长4.33万平方公里，其中，2000年以来年均净增长1940平方公里。土地资源是有限的，满足不了城市扩张及人口增长的需要，且我国的城市化存在效率低下的问题，摊大饼式的造城运动是我国目前许多城市发展的主要模式，大量人口涌入城市，许多产业无效集聚，城市建设和城市运营效率低下，制约着城市可持续发展。

（三）城市交通拥堵严重

中经未来产业研究院报告显示，截至2016年底，全国机动车保有量2.9亿辆，其中汽车保有量1.94亿辆，有49个城市的汽车保有量超过百万辆，18个城市超过200万辆，6个城市超过300万辆，分别为北京、成都、重庆、上海、深圳、苏州。以北京为例，到2016年底北京机动车保有量571.8万辆，比上年末增加9.9万辆；民用汽车548.4万辆，增加13.4万辆。其中，私人汽车452.8万辆，增加12.5万辆。2012年底，北京机动车保有量520万辆，4年间增加近52万辆，年均增长2.4%。机动车快速增长，而城市道路并没有显著增加，从而导致城市交通拥堵严重。各大城市交通限行，特别是2016年下半年华北地区空气污染严重，除了北京、天津依然保持限行，石家庄、保定、唐山等城市也都出台了限行政策，目前河北各城市限行已成为常态。交通拥堵成为影响城市可持续发展的重要因素。

（四）城市环境污染加剧

城市化过程中城市规模的扩张建设落后于城市人口的增长速度，城市基础设施更新速度远远跟不上人口扩张的速度，城市水污染、空气污染、噪声污染加剧，城市垃圾处理不及时，垃圾围城现象严重。2017年2月13日，英国《卫报》根据世界卫生组织数据库，盘点全球及各大洲空气污染最严重的城市。在全球 PM2.5 浓度最高的城市榜单中，印度占了 10 个，中国则有 4 个城市上榜，分别是邢台、保定、石家庄和邯郸，均为河北省的城市。2016 年进入冬季以来，华北地区连遭大范围雾霾天气，北京、天津、河北等地相继首发重污染红色预警。2016 年京津冀地区共发生 7 次持续性中到重度霾天气过程，比 2015 年同期偏多两次。2013 年上海黄浦江松江段水域漂浮大量死猪事件；陕西卤阳湖水变“红豆汤”事件；2014 年甘肃兰州自来水苯超标事件；汉江武汉段水质检测发现氨氮超标；广东顺德水源地重金属污染；湘江流域重污染区砷超标 715 倍；山东鲁抗医药公司大量偷排抗生素污水，抗生素含量超自然水体 10000 倍；南京自来水甚至检出阿莫西林；全国主要河流黄浦江、长江入海口、珠江都检出抗生素。环境恶化对城市可持续发展提出严峻挑战。

（五）城市基础设施陈旧老化

城市基础设施是城市存在和健康持续发展所必须具备的工程性基础设施和社会性基础设施的总称，是城市中为顺利进行各种经济活动和其他社会活动而建设的各类设备的总称。工程性基础设施包括能源设施、给排水设施、交通设施、通信设施、防灾设施等；社会性基础设施包括行政管理（公安、消防、检察院、法院等）、文化教育、医疗卫生、商业服务、金融保险、社会福利等设施。本文所说的基础设施主要指工程性基础设施。2012 年北京“7・21”大暴雨导致 79 人死亡，全市主要道路多处积水，受灾最严重的房山区两小时之内道路成河，考验着城市的排水系统；2016 年冬天华北地区大面积雾霾，交通拥堵，也考验着城市的交通系统和应急设施。城市基础设施跟不上城市化的步伐，在暴雨、地震、山洪等自然灾害来临时无法及时消除隐患，从而导致城市公共安全事故频发。

解决城市化与城市可持续发展之间的矛盾，拓展城市空间，改善城市环境，开发利用地下空间成为必然要求。地下空间开发利用的主要模式有地下大型综合体、地下商业街、地铁、地下停车场、地下垃圾处理场、地下人防工程、地下管网等，扩大了城市容量，有效缓解了交通拥堵。大规模开发利用地下空间，如地下大型综合体、地下商业街等，转移了城市的部分功能，节省了大量的地面空间；地铁、地下停车场等减少了城市地面人、车混杂的乱象，有效改善了城市地面交通，解决了城市地面停车难的问题；在地下建立输送、处理、回收、存储的封闭性垃圾处理再循环系统，减少了地面垃圾堆积造成的污染，释放了城市空间，增加了城市绿地的供应，改善了城市环境。

第二节　城市地下空间的类型及开发利用现状

一　城市地下空间的类型

（一）城市地下空间的含义

地下空间（underground space）即地表以下自然形成或人工开发的空间。城市地下空间（urban underground space）指城市规划区内的地下空间。[4]在原建设部出版的《城市地下空间开发利用管理规定》中，城市地下空间被定义为：城市规划区内地表以下的空间。不同的学者对城市地下空间有不同的解释。解放军理工大学教授陈志龙做出如下定义：城市地下空间是指城市系统空间中位于地平面以下的空间部分，主要表现形式为地下建筑，主要对城市地上空间功能起到补充作用。[5]同济大学建筑与城市规划学院戴慎志教授将城市地下空间定义为：与城市建成区范围相吻合的一定深度范围内的三维实体空间，通过一定的措施，将土体挖掘出来，由周围岩土、空气、水组成的三相介质围合而成的封闭、半封闭空间。[6]中国岩石力学与工程学会地下空间分会副理事长，中国勘察设计协会人民防空与地下空间分会常务理事童林旭给出的定义为：城市“地表土地资源的地下延伸，指在岩层或土层中天然形成或人工开挖形成的空间，地下空间资源是指地面以下可被开发利用的自然资源”[7]。可见，城市地下空间作为一种新型资源，“是立体化城市再开发的一种有效途径，在功能上可以成为地面空间的补充和完善”[8]。

城市地下空间作为一种资源具有自然资源和经济资源的双重属性。1970 年联合国研究报告指出：人类在自然环境中发现的各种成分，不管以何种方式，只要能为人类提供相关福利和效用的都属于自然资源。因此，广义上，自然资源涵盖地球范围内对于人类发展有利的一切要素，既包括地球演化过程中无生命特征的物理成分，又包括地球演进过程中产生的各类资源。《辞海》对自然资源进行如下定义：自然资源是天然存在的具有利用价值的自然物（人类加工、制造后的原材料除外），如矿藏、土地、生物、气候、水利、海洋等资源，是人类生产的原料来源和布局场所。联合国环境规划署则进行如下定义：自然资源是在特定时间、技术背景下，能够提升人类福利，产生经济价值的自然环境因素的总称，分为广义和狭义两种情况。广义的自然资源涵盖以实体性物质存在和环境支撑为表现形式的自然和环境资源两个方面，具有或者产生某种特定功能，可以提高人类整体福利，如提升人类生活舒适性，为人类生产提供发展场所等。狭义的自然资源则仅仅指以特质形式存在于自然界中的实体性特质资源，也即在特定社会、技术、经济条件下可以产生环境、经济、社会价值，从而提高人们目前或未来可预见的生产、生活质量的自然物质和能量的总和。[9]南京理工大学副教授徐生钰认为，自然资源具有三个特征：第一，自然资源是“自然”的，即还没有受到任何人类生产或生活的影响；第二，自然资源是有用的，即具有对人类社会有用的属性或功能；第三，自然资源是动态的，即某个自然物质的自然资源属性不是固定不变的，而是随着人类社会生产技术水平、认识能力和知识水平的改变而改变的。[10] 显然，城市地下空间属于自然资源，是自然的、有用的，也是动态发展的。

经济资源常常被学界定义为具有稀缺性特征，并且能为人类生产生活改善带来效用的财富，是服务于人类社会的经济体系中诸多经济物品的总称。著名经济学家张五常认为，“凡是有胜于无的东西，不管是有形或是无形，都是‘物品’”[11]。莱昂·瓦尔拉斯认为“所谓社会财富，指的是只要是稀少的、不论是物质的或非物质的一切物质。就是说，它一方面对我们有用，另一方面只能以有限的数量供我们利用”[12]。从这个意义上讲，城市地下空间具有稀缺性，属于经济资源。并且城市地下空间不仅具有供给的稀缺性，还具有用途的多样性、资源利用的不可逆性、开发利用效果的外部性等经济属性。

目前城市地下空间作为资源的经济属性被广泛认可，并且呈大规模开发利用的态势，由此带来的经济效益也受到广泛关注，但在其开发利用及运营过程中的安全问题还没有引起足够的重视。

（二）城市地下空间的类型

根据不同的分类标准，城市地下空间可分为不同的类型。比如按照成因可以分为自然地下空间和人工地下空间；按照开发深度可以分为浅层空间、中层空间和深层空间；按照经营性质可分为非经营性、经营性和准经营性地下空间。城市地下空间作为一种新型资源，从开发利用的功能上看，成为地面空间的补充和完善。所以按照本课题的研究需要，笔者只详细介绍按照地下空间功能进行的分类情况。

1. 地下交通设施

城市交通是指城市（包括市区和郊区）道路（地面、地下、高架、水道、索道等）系统间的公众出行和客货输送。随着城市化的快速发展，城市人口急剧增加，城市交通拥堵成为常态，空气污染、噪声污染，运行速度慢导致乘客出行时间延长，货物的物流成本增加，人流车流混杂导致交通事故增多，地面空间有限导致停车困难等问题严重影响和制约了城市的可持续发展。缓解地面交通拥堵，除了控制机动车的数量（如大城市的车牌摇号）、机动车限行（北京、天津、上海等大城市的汽车限行已成为常态）、错峰出行等管理手段外，修建地下交通系统成为解决城市交通拥堵问题的重要措施。城市地下交通作为地面交通的补充和延伸，是随着人类经济和技术的发展而产生的。城市地下空间交通系统由静态交通系统和动态交通系统组成。地下动态交通系统是指人员、物资、车辆等在地下的流动，主要由地铁线路、地下道路系统（如隧道）、地下步行街等构成；地下静态交通系统是城市交通的地下载体，主要由地铁站、地下公交站、地下停车场等组成（见图 1－1）。

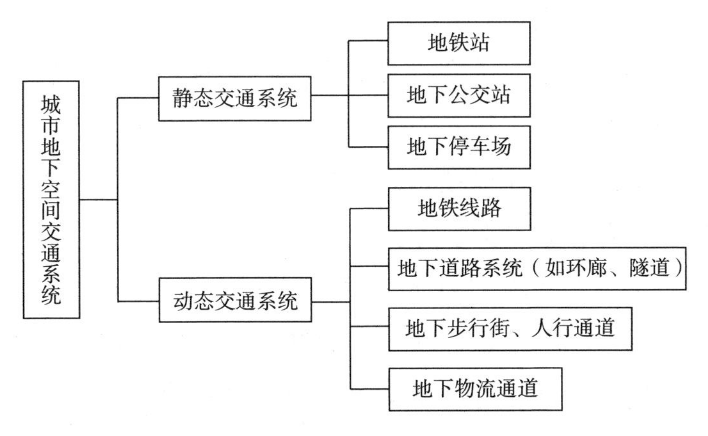

图 1－1　城市地下空间交通系统

城市地下空间交通系统作为地面交通的补充和完善，节约了城市地面空间，降低了地面交通道路对城市的分割，减少了地面交通人车混流现象，极大地降低了交通事故发生频率。在缓解地面交通拥堵的同时，减轻了空气污染和噪声污染，能有效避免恶劣天气

（如沙尘暴、暴雨、暴雪、台风等）对城市交通的影响，为居民出行提供了有力保障。交通和物流转入地下节约地面空间有利于进行城市绿化，从而改善城市环境，实现城市的可持续发展。

2. 地下商业设施

城市地下空间商业功能是伴随着地下交通的发展而产生的。在地下空间开发利用之初，主要是建设地下交通，但是单一的交通功能使得地下空间单调、乏味，对于商家来说也是良好的可利用的空间，于是在地下交通空间内逐渐出现了商业广告、橱窗、展台甚至零售网点，之后逐步扩展成商店、商业街甚至地下购物中心。日本由于国土面积的限制，地下交通和地下商业都比较发达。1957 年世界上第一条地下商业街——日本大阪唯波地下街建成，之后又陆续建成梅田地下街、虹地下商业街等。世界各国的地下商业街兼具商业服务中心、铁路交通中枢和观光游览胜地三大功能。地下商业街道路设计中努力体现纵横交错、曲折有致的整体理念，商业街路心设计有花圃，店前设计有树木，交汇处设计有群雕，且拐角处必有喷泉乃至有小桥流水、飞泉流瀑等景致。有的商业街还设有巨型风景画，在和谐灯光氛围烘托下，人有身临其境之感。而且，世界各国地下商业街还注重光电技术与建筑艺术的综合运用，使建筑设计艺术与商业运营管理产生了完美结合。

在城市繁华地区或 CBD 地下空间中兴建大型城市地下空间综合体，是近年来世界各国城市地下空间开发利用所呈现的新模式。所建设的城市地下大型综合体常常与其地上建筑空间相通相连，是将城市多种功能（如商业零售、超市、商务办公、休闲娱乐等）综合在一起并具有一定商业价值的庞大建筑工程。比如 1996 年建成并于 1997 年 9 月 9 日正式开放的俄罗斯马涅什地下购物中心，共有 88 家商店、16 家餐厅和咖啡厅，每天客流量在 8 万 ~ 10 万人。又如北京中关村地下广场，是国内首个超大规模的公共地下空间，总建筑面积达50万平方米。中关村地下广场是一个三层结构的地下空间综合开发工程，融合了办公、商业、餐饮、娱乐、康体、停车场、步行街、交通环廊及囊括了给排水、电力、电信、燃气、热力等管线。

2016年，浙江省发改委和建设厅发布的《浙江省城市地下空间开发利用“十三五”规划》提出，至2020年，浙江全省将重点建设30个地下空间开发区域以及重点开展100个地下空间项目，主要包括开发建设50个地下空间综合体，开展20个地下交通、20个地下市政、10个地下人防等项目。2017年，全球最大城市地下空间综合体、中国最大城市林带建设项目——西安幸福林带建设PPP项目开始建设，工期三年。上海北外滩星港国际中心工程地下空间，最深处达36米，相当于在地下建造一栋12层楼，是迄今为止建筑最深的地下空间。可见，城市地下空间综合体的开发利用已经成为城市发展的新形态。

3. 地下市政设施

所谓市政设施，是指由各级政府、各种法人或者公民出于公共服务目的出资建造的相关设施的总称，一般指规划区内的各种建筑物、构筑物、设备等，包括城市道路（含桥梁）及其附属设施、公共娱乐设施、给排水设施、防洪设施、城市建设运营公用设施（水、电、暖、气、通信等）、垃圾处理设施等。将部分市政设施地下化，减少了城市用地，同时也减少了城市道路的开挖次数，市政设施埋入地下，也有利于设施的维护，是城市现代化建设的新形态。2014年6月，国务院办公厅发布《关于加强城市地下管线建设管理的指导意见》指出，城市地下管线是保障城市运行的重要基础设施和“生命线”，各级城市政府应进一步加强地下管线规划设计、开发建设与运营管理，以保障城市系统的安全运行，提高城市系统的综合承载力和实现城镇化建设的高质量。

充分利用地下空间，将公用设施转入地下，主要包括两种情况：

一是将城市建设运营的生命线系统地下化，建设集供水、排水、电力、热力、燃气、通信、广播电视、工业管网等管线于一体的综合管廊。加强城市地下综合管廊的开发建设和综合运营管理，对于有效解决当前地下管线安全隐患突出、应急防灾救灾能力薄弱、安全事故频发等问题，保障城市系统的安全运行有重要推动作用；而且可以促进城市经济增长、化解城市过剩产能、提高城市系统综合承载力、实现城镇化建设进程的高质量发展。[13]二是建设城市地下物流和环卫系统。互联网和快递业的迅猛发展，使得物流系统的各环节（运输、储存、装卸搬运、包装、流通加工、配送、信息处理等）对城市空间的需求越来越大，建设地下物流系统，将物流的各环节转入地下，不仅能减少地面交通拥堵和交通事故，降低空气和噪声污染，而且有利于节约地面空间，增加城市绿化面积，促进城市生态环境改善。同样环卫系统的地下化也会起到相同的作用。比如瑞典建设垃圾地下处理系统，法国巴黎建设垃圾地下焚烧系统等。

4. 地下休闲娱乐设施

城市地下空间特别是大型地下综合体，大多建在城市繁华地段，人流密集，在购物的同时进行休闲娱乐，是消费者的需要，也成为开发商的目标。由于地下空间深埋地下，温度、湿度相对稳定，不像地面空间，容易受到空气污染、噪声污染等影响，且冬暖夏凉，适合人们进行休闲娱乐。

地下休闲娱乐设施主要包括体育设施和文化设施，如游泳池、健身房、运动馆、音乐厅、影剧院、展览馆、咖啡屋、游戏厅等。

5. 地下仓储设施

地下空间相对于地面空间具有恒温、恒湿、隔热、遮光、气密、隐蔽等特性，非常有利于物资的存储。北欧国家如芬兰、挪威、瑞典等建造了大量的地下石油库、地下天然气库、地下食品库等。

城市地下空间按照功能来划分的话，还有地下居住功能，比如地下旅馆，大城市楼宇的地下室，很多被开发为出租屋甚至胶囊旅馆；还有的具有工作功能，如地下实验室、地下会议室等。

二　城市地下空间开发利用现状

新中国成立特别是改革开放以来，为了适应我国国防安全要求、经济发展和城市建设等客观条件的要求，我国城市地下空间的开发利用在特定阶段呈现出迅猛发展态势。我国城市对地下空间的开发利用始于20世纪60年代末70年代初，为了国防战备需要建设人防工程，以地道和防空洞为主；随着城市现代化建设的不断发展，特别是改革开放以来，我国城市地下空间开发建设与利用遵循“以战备效益为中心，同时兼顾社会与经济效益”的原则，一方面开发利用原有的人防工程建设设施，另一方面坚持平战结合与城市发展建设相结合原则，在城市中心繁华区域修建具有平战结合特征的大型人防工程设施，大大推动了我国各类城市的地下空间开发建设与利用，典型代表如上海市人民广场的地下商场与停车场、郑州市火车站广场的地下商场、哈尔滨市奋斗路的地下商业街、沈阳市北新客运站的地下城等。

据有关资料，“九五”规划期间，我国重点城市地下空间建设年竣工面积为150万平方米，至“十五”期间，年竣工面积达到1200万~1500万平方米，而进入“十一五”时期以后，年竣工面积则为2000万平方米左右。特别是“十二五”时期以来，我国城市地下空间建设规模与质量显著提升，年均增速高达20%以上，现有地下空间中约60%于“十二五”规划期间建设完成。我国的城市地下空间开发利用“十三五”规划指出：据不完全统计，地下空间与同期地面建筑竣工面积的比例从约10%增长到15%[14]。根据北京市颁布的《北京地下空间规划》（2016年），北京市将于2020年以前重点开发建设17个以上大型地下空间项目和竣工面积为9000万平方米的地下空间，该指标是北京市目前地下空间面积（3000万平方米）的3倍。近年来，北京市地下空间建设年竣工面积约为300万平方米，占城市建筑建设总面积的10%，其中地下停车场和地下交通中转集散空间建设面积各占30%，其余则为商业相关设施。[15]上海市在“十一五”商业规划中，将轨道交通枢纽商业发展视为重中之重，仅公开的轨道交通周边商业地产项目占地面积就超过500万平方米。据统计，上海全市已建成地下工程共31037个，总建筑面积约5699万平方米。其中，已用工程建筑面积为5114万平方米，占总量的89.8%[16]，主要有越江隧道、地铁、人行地下通道、车行地下立交、地下停车库等公共设施以及地下旅店、商场等服务设施。地下空间已成为上海城市基础建设的“第二空间”。《广州市城市总体规划（2011~2020)》的相关数据表明，广州市现有地下空间总面积约3000万平方米，广州市未来将进一步加大其城市地下空间开发利用力度，至2020年其地下空间总面积将达到5000万平方米，人均城市地下空间面积将达到5平方米；广州市现已开通地铁运营线路里程260.5公里，已建地下交通相关空间面积约300万平方米；广州市在建地铁线路里程259.8公里，另有近期已批复建设线路43.2公里。广州市新轨道交通建设规划方案提出，未来十年将规划建设共计23条线路，线路长度为432.6公里，到时总线路将长达1025公里，至2020年，将新竣工地铁相关地下空间面积约300万平方米，广州的地下商业空间面积将达800万平方米。另外，据不完全统计，截至2016年底，广州市规划验收的与住宅、商务、办公等地面建筑物配套的地下停车空间（包括防空地下室在内)、地下通道空间等地下开发建设总建筑面积为2500多万平方米，约占整个广州市地下空间开发利用面积的83%。据统计，广州年均竣工房屋建筑面积1200万平方米，其中年均配建地下空间面积约350万平方米。[17]根据规划，广州还将建设番禺新城公共服务中心区、琶洲国际会展商务区、奥体中心周边地区、白鹅潭现代商贸区等14个地下公共空间发展核心区。近日，广州又启动开发地铁沿线地下空间的专题研究，打算近期在全城14个地块开发地下空间，总面积553万平方米，相当于10个珠江新城的地下空间面积。如果算上地铁沿线地下空间的规划规模，广州目前正在开发或待开发的地下空间规模将超过1000万平方米，广州的地下空间呈现越来越旺盛的生命力。表1－2给出了2011～2016年全国部分大城市城市地下空间发展规模。2011年以来，北京、天津、上海、广州、深圳、成都、杭州等城市地下空间的开发利用面积呈上升趋势。另外，诸如重庆、大连、杭州、武汉、哈尔滨等大型城市，都在加快对地下空间的开发，地下空间的开发利用已经成为当前我国城市建设的新亮点及新的经济增长点。

表1－2　2011－2016年部分大城市地下空间总面积

单位：万平方米

年份	北京	天津	上海	广州	深圳	成都	杭州
2011	4872	3014	4934	4337	4061	2881	3147
2012	5312	3402	5489	4794	4312	2904	3296
2013	5867	3987	5942	5071	4589	3108	3607
2014	6305	4200	6336	5336	4874	3317	3893
2015	6897	4539	6701	5701	5008	3454	4100
2016	7123	4811	6989	5964	5197	3500	4217

第三节　研究目的及研究内容

一　研究目的

本研究试图通过对城市地下空间安全现状的研究，运用安全管理理论、外部性理论、管制理论、博弈论及委托代理理论等，研究城市地下空间安全管理的外部性表现及特征，从地下空间安全外部性控制与治理的视角，实现以下目的。

（1）构建城市地下空间安全系统。从系统论、复杂性理论、耗散结构论、突变论、协同论等多角度分析城市地下空间安全系统运行的特征，构建城市地下空间安全系统。

（2）从地下空间安全系统的脆性机制分析地下空间安全系统的运行机制。

（3）分析地下空间安全的外部性，提出地下空间安全外部性控制与治理体系，即从组织体系、制度体系、技术保障及资金保障等方面进行安全控制，并从政府、社会和企业等方面进行治理。

（4）分析城市地下空间安全外部性政府治理的必要性，指出政府治理的主要手段即政府管制，建立安全管理的政府管制机构与经营企业间博弈模型，提出城市地下空间安全政府管制的措施。

（5）分析城市地下空间安全管理的制度缺陷，建立城市地下空间安全管理利益相关者之间的委托代理模型，对城市地下空间的安全管理进行制度设计。

（6）构建城市地下空间预警平台，设计开发基于管理模式的城市地下空间安全管理信息系统，对地下空间安全进行预防、预测、预警，从技术上对地下空间安全外部性进行控制和治理。

二　研究内容

本研究从城市地下空间安全问题出发，对城市地下空间的安全现状进行详细调研，分析了城市地下空间安全问题成因、影响因素及外部性表现，构建城市地下空间安全系统，分析城市地下空间安全系统运行机制，构建了地下空间安全外部性控制和治理体系，分析了城市地下空间安全外部性控制的政府治理机制，运用博弈论和委托代理理论分析了城市地下空间安全管理利益主体间的责任，构建了博弈模型，对城市地下空间的安全管理进行了制度设计，构建了城市地下空间安全预警平台。本研究内容框架如图1-2所示。

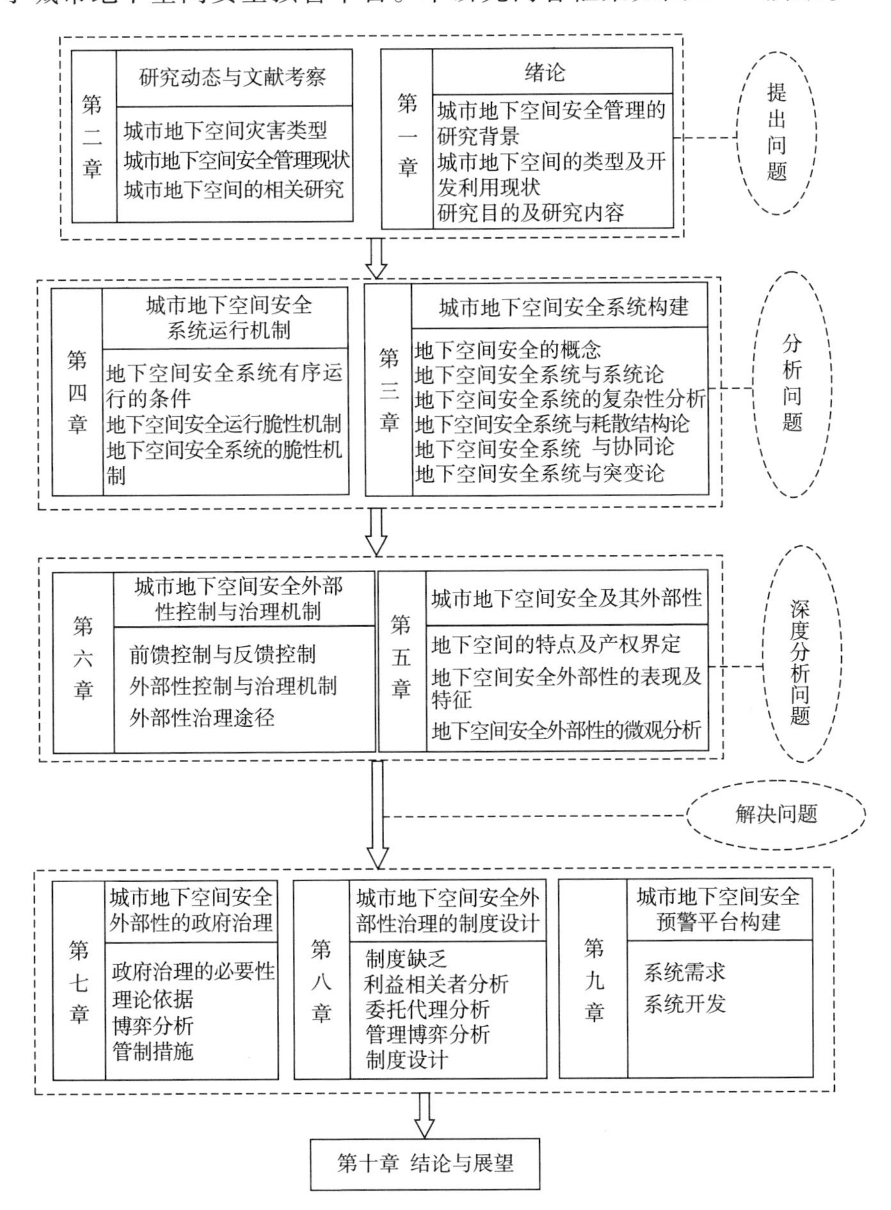

图1-2　本研究内容框架

第二章

研究动态与文献考察

第一节　城市地下空间灾害类型

相对地下建筑的迅猛增长，地下空间的安全管理比较滞后。当前城市地下空间安全事故还是相当严重的。从事故发生的场所看，国外的事故主要发生在地铁，国内的事故主要发生在地铁、地下室、地下车库、地下商场、地下管网等场所；从事故发生的类型看，主要有火灾、水灾、爆炸等，国外发生较多的还有恐怖袭击和地铁相撞、脱轨事故，国内发生较多的还有中毒、塌方等事故。

一　火灾事故

火灾是地下空间最易发生的事故类型，从搜集到的国内外 194 件案例看，火灾 85 起，占比 43.8%，而且人员伤亡最严重，财产损失最大。比如 1995 年 10 月 28 日阿塞拜疆巴库地铁突然起火，该火灾事故是电动机车电路故障及操作不当等技术原因造成的，火灾导致 558 人死亡，269 人受伤，这是迄今阿塞拜疆或者是全球范围内地铁事故损失最为惨重的一次。2000 年 12 月 25 日河南洛阳东都商厦发生重大火灾，该事故致使 309 人中毒和窒息死亡，7 人受伤，造成直接经济损失 275 万元。事后调查原因为：东都商厦负一层分店非法施工、焊接人员进行违章作业，致使电焊火花溅落至负二层家具商场的可燃物上而引发火灾。电焊人员明知东都商厦负二层存放大量具有可燃性的木制家具，却未采取任何必要防护措施进行作业。火灾发生后，上述肇事人员和东都商厦负责现场运营管理的领导和相关职工既不报警，也未通知四层中东都娱乐城的人员撤离，致使该娱乐城大量人员丧失逃生机会，造成 309 人中毒和窒息死亡。这是一起本可避免的重大事故，但由于违规操作酿成惨祸。如果及时报警，即使在火灾已经发生的情况下，也可以有效减少人员伤亡，避免重大恶性事件发生。东都商厦施工人员以及现场管理人员的安全意识淡薄、安全责任缺乏、管理疏忽是造成这起事故的主要原因。2003 年韩国大邱地铁一位精神病人放火导致火灾，致 198 人死亡、146 人受伤、289 人失踪。这场大火引起了韩国及世界各国对地铁安全的重视。

二　水灾事故

水灾事故也是地下空间经常发生的事故。从收集到的 194 件案例看，水灾发生次数仅次于火灾，占比约 14.0%，水灾事故一般波及范围广，可能会导致瘟疫等卫生事件。比如 1999 年 6 月发生在日本福冈的台风袭击，暴雨持续多日，大面积楼宇地下空间被淹，致 1 人死亡，损失惨重。又如 2006 年 1 月 27～28 日，巴西里约热内卢突降暴雨，造成佩尼亚商场外面的排水管道大量涌水，大水冲破地下车库的铁门涌入车库，商场地下车库被淹，最高水位高达 2.2 米，当时在车库的 3 名男子和 3 名女子不幸被淹死。2005 年受台风“麦莎”影响，上海地下空间多处被淹，其中 32 处地下车库、7 处地下立交、27 处小区地下设施、1 处地铁、1 处医院被淹，10 处地下仓库进水，直接损失过亿元。2005 年 1 月 1 日，“麦莎”台风使得位于上海市虹桥路的东方曼哈顿高档住宅小区地下停车库严重积水，导致该车库内的180多辆汽车遭受不同程度淹浸，造成8000多万元的经济损失，在该事故的赔偿责任认定过程中，是房产开发商对于车库的设计不当造成大水漫灌，还是该小区物业管理失职导致车库被淹，成为此次事故赔偿责任认定的关键。2007年7月18日下午，突降大雨致使济南市银座商场地下超市被洪水淹没，水位最高时达1.6米，造成地下超市内的所有商品被雨水浸泡，损失过亿元。18日当晚，当地消防部门出动18台消防车紧急排水，随后又调集了潜水泵进行排水，到20日下午，积水才被全部抽干。2012年10月24～26日，飓风“桑迪”先后袭击了古巴、多米尼加、牙买加、巴哈马、海地、美国等地，造成大量财产损失和人员伤亡，有着108年历史的纽约地铁系统遭遇了严重的破坏，位于纽约的联合国总部大楼关闭了3天，并停止了所有国际会议。

三　爆炸事故

爆炸也是地下空间容易发生的事故，且危害严重，损失巨大。1979年9月美国费城地铁变压器故障引发火灾继而引起爆炸，导致148人受伤；1995年4月28日韩国大邱地铁施工时因煤气泄漏发生爆炸，致103人死亡、230人受伤；1999年6月10日，美国华盛顿州贝灵汉镇输油管道发生泄漏引起爆炸，事故原因是地下管网被挖，产生裂缝导致原油泄漏，爆炸致3人死亡、8人受伤，直接财产损失4500万美元；2007年6月19日，日本东京一处温泉水疗馆地下一层锅炉爆炸，导致1人死亡、4人受伤；2010年7月16日，中石化大连输油管线的一名工作人员在卸油时违规操作，导致其一条输油管道发生爆炸并造成原油泄漏，该事故致使1人失踪和1人轻伤，救火中又造成1人牺牲和1人重伤，造成直接经济损失22330.19万元，大连新港停产12天，430平方公里海域被污染；2010年7月28

日，南京市栖霞区迈皋桥街道地下管网发生爆炸，事故原因是挖掘机违规操作碰裂地下丙烯管线，造成丙烯泄漏爆燃，事故造成22人死亡、120人受伤，直接经济损失4784万元；2013年11月22日，青岛市黄岛区中石化输油管线爆裂，引发爆炸事故，导致63人死亡、156人受伤，泄漏原油进入市政排水暗区，造成直接经济损失7.5亿元。这些爆炸事故的发生，大多是由于设备老化更新不及时、操作失误、管理不到位。

四　中毒事故

中毒事故也是城市地下空间容易发生的灾害事故。1999年4月28日，天津大通大厦地下室发生苯中毒事故，造成2人死亡，3人受伤。现场监测地下室中空气苯最高浓度为58303毫克/立方米，二甲苯1632毫克/立方米，分别超标1457倍和45倍，事故原因是施工人员安全防护措施不力，没有佩戴防毒面具，涂料质量不合格，属于三无产品，地下空间通风差导致有害气体集聚；第二天广州华乐路文怡大厦地下室也发生了苯中毒事故，致2人死亡1人中毒，直接经济损失24万元，此次事故同样是因为安全防护措施不到位，操作不规范；2004年7月10日，新疆喀什叶城县地下窨井非法储存成品油，发生中毒事件，致4人死亡；2008年5月28日，台北板桥市长安街349号地下室发生毒气泄漏，三氯甲烷浓度超标，导致4人中毒送医；2008年6月15日，湖南安化梅城东山某地下室，由于施工机械产生大量气体，通风不畅，导致3人一氧化碳中毒送医；2009年4月11日，福建南平某地下一层大型医药超市，柴油发电机发电导致一氧化碳中毒，多人送医；2014年1月12日，北京昌平区创新路地下供电管线铺设，由于管道内有害气体聚集多人中毒，其中4人死亡，3人送医。

五　踩踏事故

踩踏事故是指人群较为集中时，前面的人不慎摔倒，后面的人不明情况依然前行，对跌倒的人产生踩踏，从而产生惊慌，造成拥挤，加剧的拥挤导致跌倒的人数增加，并形成恶性循环的群体性伤害的意外事件。地下空间的踩踏事故往往发生在拥挤的地铁或者是举办大型活动的地下娱乐场所。比如 1999 年 5 月 29 日，白俄罗斯首都明克斯市地铁 2 号线 Nyamiha 站人员过多造成拥堵，导致发生人员踩踏事故，最终造成 54 人死亡、150 多人受伤；2010 年 7 月 24 日，位于德国西部鲁尔区的杜伊斯堡市在举办“爱的大游行”电子音乐狂欢节过程中，由于一个地下通道入口通行不畅，大量乐迷集中于此并形成恐慌挤撞，引发群体踩踏事件，致 21 人死亡和约 500 人受伤；2008 年 3 月 4 日，北京地铁东单站 5 号线换乘 1 号线的南侧通道内，水平电动扶梯突然传出异响，乘客们惊慌失措，发生踩踏事故，造成至少 13 人受伤；2011 年 7 月 5 日上午 9 时 36 分，北京地铁四号线动物园站 A 口上行电动扶梯发生故障，突然逆行，致 1 人死亡、3 人重伤、27 人轻伤。另外广州地铁、武汉地铁、深圳地铁等都发生过踩踏事故，事故原因有乘客晕倒、自动扶梯上装饰物坠落等，引起乘客恐慌，加之地铁人流密集，从而发生踩踏事故。

六　停电事故

从收集到的案例看，地下空间停电事故主要发生在地铁的运营过程中。比如 2007 年 10 月 23 日日本东京地铁由于变电所出现问题，发生大面积停电事故，造成 10 人被送医院、72 班电车停驶、9.3 万人行程受影响的恶劣后果；2013 年 6 月 11 日，俄罗斯莫斯科地铁工作人员操作不当，导致停电，致 14 人受伤；2004 年 7 月 21 日，广州地铁 1 号线由于电线短路，大面积停电，3900 人退票撤离；

深圳地铁、西安地铁、上海地铁、成都地铁都发生过停电事故，虽没造成严重后果，但事故不同程度地影响了市民的出行。

七 恐怖袭击

恐怖袭击是恐怖分子针对平民或民用设施采取的极端袭击方式，意在制造民众恐慌，迫使政府屈服。地铁是最容易受到恐怖袭击的场所，在收集到的国外99个地下空间事故案例中，恐怖袭击有13起，占事故总数的13.1%。比如1995年3月20日发生在日本东京的沙林毒气案，就是由奥姆真理教策划的恐怖活动，邪教组织人员在东京地下铁三线共五列列车上发放沙林毒气，造成13人死亡、5510多人中毒的恶劣后果；俄罗斯地铁分别在1996年、1998年、2000年、2001年、2004年、2010年遭受恐怖袭击，每次事故发生都有不同程度的伤亡，特别是2010年3月29日，莫斯科地铁有3处受到恐怖袭击，发生连环爆炸，导致40人死亡、近百人受伤；2005年7月7日，英国伦敦3列地铁发生爆炸，致伦敦附近地铁网络中断，56人死亡，700多人受伤；21日伦敦地铁再次受到恐怖袭击，致1人死亡，英国经济受到重创，股市大跌；2016年3月22日，比利时布鲁塞尔机场地铁遭到恐怖袭击，发生连环爆炸，致34人死亡、170多人受伤。

八 地铁相撞或脱轨

地铁追尾或脱轨事故大多是列车司机违规操作或列车本身发生故障所造成的。比如2009年5月8日，美国东部城市波士顿发生地铁追尾重大事故，原因即为地铁司机操作失误，事故造成49人受伤；2014年5月2日，韩国首尔地铁由于列车自动装置发生故障追尾，造成249人受伤；1995年11月5日，北京地铁2号线由于司机安全意识淡薄，操作不当，发生追尾事故，造成35人受伤就医，地铁内外环停运达5小时以上；2011年9月27日，上海地铁10号线由于设备故障列车追尾，295人受伤就诊。此外，美国、日本、英国、西班牙、俄罗斯、意大利等均发生过列车相撞或追尾事故，其中2006年7月3日，西班牙瓦伦西亚由于地铁超速且轮胎断裂列车脱轨，造成42人死亡、42人受伤的严重后果；2009年6月22日，美国东部城市华盛顿发生两组地铁相撞事故，该事故造成了至少9人死亡、70多人受伤的后果，后探明事故起因，可能为地铁系统电脑故障；2014年7月15日俄罗斯莫斯科地铁电压中断、信号设备失灵导致地铁脱轨，事故造成23人死亡、160人受伤。

第二节　城市地下空间安全管理现状

城市地下空间安全管理水平亟待提升。城市地下空间的开发利用如火如荼，各大城市甚至中小城市都在大面积开发地下空间。2014年6月，南京青奥轴通车运行[18]。这个全国最大最复杂的地下立交枢纽，建在青奥文化体育公园下方，分为三层。其中，负一层为扬子江大道地下隧道（河西大街与友谊路之间），负二层为交错复杂的匝道系统，负三层则是梅子洲过江通道部分。2014年12月20日，成绵乐客专双流机场站开通运营[19]。这个全国最大的地下高铁站，建筑面积约8万平方米，实现了航空、铁路、城轨、公交等多元一体的“零换乘”。2015年12月30日，亚洲最大的地下火车站——深圳福田站正式通车运营[20]。车站总建筑面积达14.7万平方米。整个车站为三层式结构，地下一层为旅客换乘大厅，共设旅客换乘出入口16个；地下二层为旅客站厅层和旅客候车大厅，共设置旅客进站检票口4个，可供大约3000名旅客同时候车；地下三层为站台层，共设有8条股道4个站台。2015年12月19日，武汉光谷中心城中轴线区域地下公共交通走廊及配套工程全线开工建设。地下公共走廊贯穿光谷中心城，总建筑面积51.6万平方米，包含商业（纯商铺）、公共通道、综合管廊、社会停车场、物流中心、地铁站、地铁区间、设备用房以及其他各类功能设施，其立体化、复合型公共地下空间是全国乃至全亚洲规模最大的地下空间项目。

城市地下空间开发利用，可以节约大量的土地资源，改善地面交通拥堵状况，增强城市安全保障体系和城市防灾能力，保护和改善城市生态环境，促进相关产业发展。城市地下空间承载了如此多的功能，加之地下空间的地理位置比较特殊，多作为人流密集的城市商业和经济中心、兼顾商业和交通的重要枢纽或城市 CBD，使得地下空间的安全管理对城市安全越来越重要，地下空间发生的安全事故也成为城市管理者不容忽视的问题。表2－1～表2－3、图2－1～图2－2给出了20世纪以来国外城市地下空间灾害事故案例及类型、发生场所统计。

表2－1　20世纪以来国外城市地下空间灾害事故案例

时间	场所	灾害类型	事故原因	伤亡损失
1903年8月10日	法国巴黎地铁	火灾	地铁列车运行中起火	死亡84人
1971年12月	加拿大蒙特利尔地铁	火灾	列车相撞，机车短路	死1人，36辆车被毁
1972年10月	德国东柏林地铁	火灾		车站和4辆车被毁
1972年	瑞典斯德哥尔摩地铁	火灾	人为纵火	不详
1973年3月	法国巴黎地铁	火灾	人为纵火	死2人，车辆被毁
1974年1月	加拿大蒙特利尔地铁	火灾	车辆内废旧轮胎引发电路短路	9辆车被毁，300米电缆烧断
1974年	俄罗斯莫斯科地铁	火灾	车站平台引发大火	

续表

时间	场所	灾害类型	事故原因	伤亡损失
1975 年 7 月	美国波士顿地铁	火灾	隧道照明线路被拉断，引发大火	
1976 年 5 月	葡萄牙里斯本地铁	火灾	火车头牵引失败引发火灾	毁车 4 辆
1976 年 10 月	加拿大多伦多地铁	火灾	人为纵火	4 辆车被毁
1977 年 3 月	法国巴黎地铁	火灾	天花板坠落引发火灾	
1978 年 10 月	德国科隆地铁	火灾	丢弃未熄灭烟头引发火灾	伤 8 人
1979 年 1 月	美国旧金山地铁	火灾	电路短路引发大火	死亡 1 人，伤 56 人
1979 年 3 月	法国巴黎地铁	火灾	车厢电路短路引发大火	毁车 1 辆，伤 26 人
1979 年 9 月	美国费城地铁	爆炸	变压器故障引发火灾并引起爆炸	伤 148 人
1979 年 9 月	美国纽约地铁	火灾	丢弃的未熄灭烟头引燃油箱	2 辆车燃烧，4 人受伤
1980 年 4 月	德国汉堡地铁	火灾	车厢座位着火	2 辆车被毁，4 人受伤
1980 年 6 月	英国伦敦地铁	火灾	丢弃的未熄灭烟头引发大火	死亡 1 人
1980 年 8 月 16 日	日本静冈车站黄金地下街	火灾	石油气管道泄漏	213 人受伤，损失 30 亿日元
1981 年 6 月	俄罗斯莫斯科地铁	火灾	电路故障引发火灾	死亡 7 人
1981 年 9 月	德国波恩地铁	火灾	操作失误引发火灾	车辆报废
1982 年 3 月	美国纽约地铁	火灾	传动装置故障引发火灾	伤 86 人，1 辆车报废
1982 年 6 月	美国纽约地铁	火灾		4 辆车被毁

续表

时间	场所	灾害类型	事故原因	伤亡损失
1982 年 8 月	英国伦敦地铁	火灾	电路短路引起火灾	伤 15 人，1 辆车被毁
1983 年 8 月 11 日	原德意志联邦共和国曼海姆地下车库	火灾		烧毁 3 辆汽车及地下管道、电线等设备，损失 60 万马克
1983 年 8 月 16 日	日本名古屋地铁变电所	火灾	整流器短路	死 3 人，伤 3 人，13 万人受惊
1983 年 9 月	德国慕尼黑地铁	火灾	电路着火	伤 7 人，2 辆车被毁
1984 年 9 月	德国汉堡地铁	火灾	列车座位着火	伤 1 人，2 辆车被毁
1984 年 11 月	英国伦敦地铁	火灾	车站站台引发大火	车站损失巨大
1984 年 11 月 16 日	日本东京世田谷街	火灾	地下电缆沟气体泄漏	烧毁电缆 98 条，9.8 万条电话线路中断，大范围金融机构处于瘫痪状态，给银行、邮局、企业和市民生活造成严重影响
1985 年 4 月	英国伦敦地铁	火灾	垃圾引发大火	伤 6 人
1985 年 6 月 28 日	瑞士卢塞恩戏剧大街地下车库	火灾		
1986 年 6 月 14 日	日本千叶船桥东武百货公司地下室	火灾	变压器绝缘老化造成短路	死 3 人，损失千万日元
1987 年 6 月	比利时布鲁塞尔地铁	火灾	自助餐厅引起火灾	
1987 年	俄罗斯莫斯科地铁	火灾	火车燃烧	
1987 年 11 月 18 日	英国伦敦地铁	火灾	乘客吸烟将火柴丢弃，导致自动扶梯起火	死 32 人，伤 100 多人
1991 年 4 月 16 日	瑞士苏黎世地铁	火灾	机车电线短路停车后与另一地铁列车相撞起火	58 人重伤

续表

时间	场所	灾害类型	事故原因	伤亡损失
1991年6月	德国柏林地铁	火灾		18人送医院急救
1991年8月28日	美国纽约地铁	火灾	列车脱轨	死5人，伤155人
1991年12月28日	美国阿梅里科尔德堪萨斯地下综合体	火灾	不详	火灾持续3个半月，损失达5亿~10亿美元
1995年1月17日	日本神户地铁	地震破坏	阪神大地震（7级）	466根车站区间结构柱严重破坏，地铁系统严重破坏
1995年3月20日	日本东京地铁	沙林毒气	奥姆真理教恐怖活动	死12人，中毒约5500人
1995年4月28日	韩国大邱地铁	火灾	施工时煤气泄漏发生爆炸	死103人，伤230人
1995年7月25日	法国巴黎地铁	恐怖袭击	伊斯兰教武装集团策划	死8人，伤200多人
1995年10月28日	阿塞拜疆巴库地铁	火灾	电动机车电路故障	死558人，伤269人
1996年6月11日	俄罗斯莫斯科地铁	恐怖袭击	炸弹袭击	死4人，伤12人
1998年1月1日	俄罗斯莫斯科地铁	恐怖袭击		造成3人受伤
1999年5月	白俄罗斯地铁	踩踏	人员过多，混乱拥挤	死54人
1999年6月29日	日本福冈市	水灾	暴雨	死1人，大片地下空间被淹
1999年6月10日	美国华盛顿州贝灵汉镇输油管道发生泄漏	爆炸	管网被挖产生裂缝，管理不到位	死3人，伤8人，直接财产损失4500万美元
1999年6月18日	日本福冈市楼宇地下空间	水灾	台风袭击	损失惨重
1999年8月23日	德国科隆地铁	列车相撞		伤67人，其中7人重伤
1999年10月	韩国汉城地铁	火灾		造成55人死亡

续表

时间	场所	灾害类型	事故原因	伤亡损失
2000年2月24日	美国纽约地铁	火灾	不详	各种通信线路中断
2000年3月8日	日本日比谷线地铁	脱轨		3人死亡，44人受伤
2000年4月	美国华盛顿地铁	火灾	隧道内电缆故障	伤10人，地铁停运4小时
2000年6月20日	美国纽约地铁	脱轨		伤89人
2000年8月8日	俄罗斯莫斯科地铁地下通道	恐怖袭击		死13人，伤118人
2000年8月19日	美国新墨西哥州管道	爆炸	内腐蚀引起管壁严重减薄，管理不到位	死12人，直接损失998296美元
2000年9月	日本名古屋地铁	水灾	受东海水灾影响	地铁被淹，损失严重
2000年11月11日	奥地利萨尔茨堡州地铁	火灾	电暖空调过热，保护装置失灵	死155人，伤18人
2001年2月5日	俄罗斯莫斯科地铁	恐怖袭击		20人伤亡
2001年8月	英国伦敦地铁	爆炸		6人受伤
2001年8月30日	巴西圣保罗地铁	火灾	不详	死1人，伤27人
2001年9月2日	加拿大蒙特利尔地铁	恐怖袭击	催泪毒气袭击乘客	42人接受治疗，65个地铁站停运2天
2003年1月25日	英国伦敦地铁	脱轨	列车脱轨，冲向站台	32人受伤
2003年2月18日	韩国大邱地铁	火灾	精神病患者纵火	死198人，伤146人，失踪289人
2004年2月6日	俄罗斯莫斯科地铁	恐怖袭击		死41人，伤120多人
2004年8月31日	俄罗斯莫斯科地铁站	自杀式爆炸	恐怖袭击	10人死亡，50多人受伤

续表

时间	场所	灾害类型	事故原因	伤亡损失
2005 年 7 月 7 日	英国伦敦地铁	恐怖袭击		死 56 人，伤 700 多人，失踪近 30 人
2005 年 7 月 21 日	英国伦敦地铁	恐怖袭击		伤 1 人，股市大跌
2005 年 10 月 20 日	美国纽约地铁	火灾	地铁站库房电路着火	7 趟列车停运
2006 年 1 月 27 日	巴西里约热内卢地下车库	水灾	大暴雨导致地下排水管道大量涌水	死 6 人
2006 年 1 月 28 日	巴西佩尼亚商场地下车库	水灾	暴雨造成排水管道大量涌水	6 人死亡
2006 年 7 月 3 日	西班牙瓦伦西亚地铁	脱轨	超速或轮胎断裂	死 42 人，伤 42 人
2006 年 8 月 16 日	美国纽约地铁	火灾	不详	15 人受伤，3000 多人紧急疏散
2006 年 10 月 8 日	韩国首尔一地下商场	一氧化碳泄漏	煤气燃烧不完全	66 人送医院治疗
2007 年 6 月 19 日	日本东京一地下温泉水疗馆	爆炸	地下一层锅炉爆炸	死 1 人，伤 4 人
2007 年 10 月 23 日	日本东京地铁	停电	变电所出现问题	10 人被送医院，72 班电车停驶，9.3 万人行程受影响
2008 年 1 月 9 日	韩国蔚山市北区地下输油管线	火灾		1 死 1 伤，损失 1800 多万韩元，大面积停电
2008 年 5 月 8 日	美国德州休斯敦市一地下水管	爆裂		地面塌陷面积相当于 3 个足球场大，一辆机车及油田勘探设施被吞噬
2009 年 1 月 13 日	俄罗斯莫斯科地下车库	火灾	塑料薄膜被引燃	死 7 人
2009 年 5 月 8 日	美国波士顿地铁	列车追尾	司机操作失误	伤 49 人

续表

时间	场所	灾害类型	事故原因	伤亡损失
2009年6月22日	美国华盛顿地铁	两组地铁相撞	电脑系统故障	9人死亡，70多人受伤
2010年2月12日	美国华盛顿地铁	脱轨	首节车厢前轮脱离轨道	3人轻伤
2010年3月29日	俄罗斯莫斯科地铁	恐怖袭击	3处地铁爆炸	37人死亡，65人受伤
2010年7月24日	德国杜伊斯堡一地下通道	踩踏	电子音乐狂欢节人群发生拥堵，造成恐慌	死21人，伤500多人
2011年4月11日	白俄罗斯明斯克“十月”地铁站	恐怖袭击		死15人，伤200多人
2012年11月22日	韩国釜山地铁	列车相撞	救援车速过快	100余人受伤
2013年5月5日	俄罗斯莫斯科地铁	地铁冒烟	电缆短路	疏散300余人，伤3人
2013年6月5日	俄罗斯莫斯科地铁	火灾	电缆短路	疏散4500人，80人受伤，27人入院治疗
2013年6月11日	俄罗斯莫斯科地铁	停电	操作不当	造成14人受伤
2014年5月2日	美国纽约地铁	脱轨		伤19人，疏散1000多人
2014年5月2日	韩国首尔地铁	追尾	列车自动装置发生故障	伤249人
2014年7月15日	俄罗斯莫斯科地铁	列车脱轨	电压中断信号设备失灵	22人死亡，129人受伤
2015年1月12日	美国华盛顿地铁	冒烟		1死84伤，疏散200多人
2016年1月19日	意大利卡利亚里地铁	列车相撞	人为失误	70余人受伤
2016年3月22日	比利时布鲁塞尔机场地铁	恐怖袭击	连环爆炸	死34人，伤170余人

续表

时间	场所	灾害类型	事故原因	伤亡损失
2017 年 4 月 3 日	俄罗斯圣彼得堡地铁	恐怖袭击	连环爆炸	死 16 人，伤 49 人

资料来源：互联网。

表 2－2　20 世纪以来国外城市地下空间灾害事故类型统计

单位：起

灾害类型	火灾	水灾	爆炸	踩踏	恐怖袭击	地震	停电	列车相撞、脱轨	其他	总计
统计	52	5	5	2	13	1	2	14	5	99

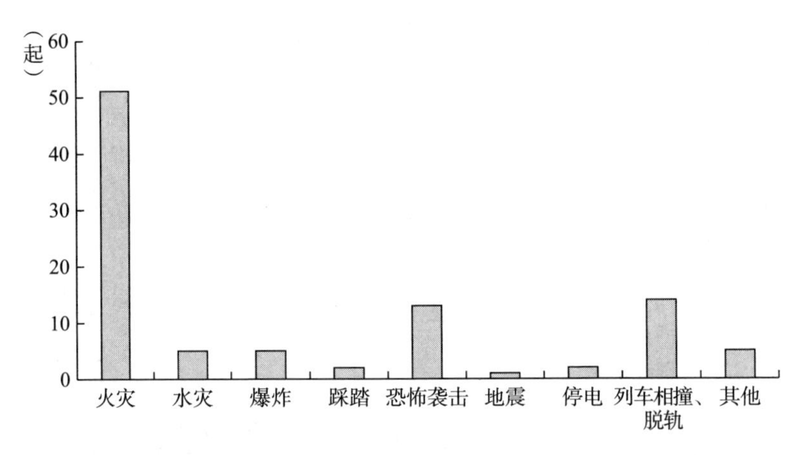

图 2－1　20 世纪以来国外城市地下空间灾害事故类型统计

表 2－3　20 世纪以来国外城市地下空间灾害事故发生场所统计

单位：起

发生场所	地铁	地下通道	地下车库	地下管线	地下商场	其他	合计
统计	78	4	5	4	2	6	99

表 2－4～表 2－6、图 2－3～图 2－4 给出了 20 世纪以来国内城市地下空间灾害事故类型及发生场所统计。

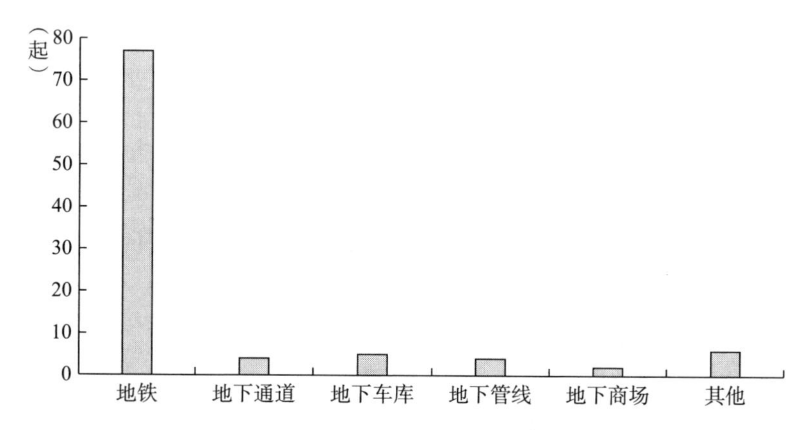

图 2－2 20 世纪以来国外城市地下空间灾害事故发生场所统计

表 2 4 20 世纪以来国内城市地下空间灾害事故案例

时间	场所	灾害类型	事故原因	伤亡损失
1969 年 11 月 11 日	北京地铁	火灾	电动机车短路引起火灾	6 人死亡，200 多人中毒
1985 年 8 月 19 日	西安江安公司地下橡胶库	火灾	电焊工违反操作规程	损失 380 万元
1988 年 9 月 15 日	南昌福山地下商贸中心	火灾	电线老化	500 万元
1990 年 7 月 3 日	四川铁路隧道	爆炸	不详	死 4 人，伤 20 人
1993 年 1 月 3 日	上海虹口海底皇宫地下建筑施工现场	火灾	工人点燃泡沫海绵引起爆燃	死 11 人，伤 13 人，直接经济损失 6.08 万元
1997 年 5 月 26 日	太原太钢热连轧厂地下室	火灾	电动机绝缘老化引起短路	直接经济损失 575.3 万元
1998 年 12 月 3 日	兰州民百大楼地下室	火灾	油罐的油管脱落，油品外泄，遇明火爆燃	烧伤 3 人，中毒 7 人，直接经济损失 394 万元
1999 年 4 月 28 日	天津大通大厦地下室	中毒	苯浓度超标	2 死 3 伤
1999 年 4 月 29 日	广州华乐路文怡大厦地下室	中毒	苯浓度超标，安全防护措施不到位	2 死 1 中毒，直接经济损失 24 万元

续表

时间	场所	灾害类型	事故原因	伤亡损失
1999 年 12 月 26 日	吉林省长春市夏威夷大酒店地下一层洗浴中心	火灾	乱扔烟头	死 20 人（18 人窒息死亡），伤 11 人
2000 年 10 月 26 日	北京协和医院北配楼地下停车场	火灾	电焊熔渣引燃保温材料	死 3 人
2000 年 12 月 25 日	洛阳东都商厦地下家具商场	火灾	电焊火花引燃木制家具	死 309 人，伤 7 人
2002 年 1 月 1 日	黑龙江大庆萨尔图区地下燃气管线	爆炸	燃气泄漏	死 6 人，重伤 2 人，轻伤 2 人
2002 年 5 月 24 日	北京海淀龙翔路地下室	爆炸	液化气罐漏气遇明火爆炸	
2002 年 9 月 25 日	株洲地下商场	火灾	配电间设备故障	不详
2003 年 7 月 1 日	上海地铁 4 号线	施工事故	结构损坏	直接经济损失 1.5 亿元
2003 年 7 月 14 日	上海地铁 1 号线	设备故障	设备老化，维修保养不及时	列车停运 62 分钟
2003 年 8 月 16 日	哈尔滨人和世纪广场地下工程	坍塌	水管爆裂	死 15 人，伤 8 人
2004 年 1 月 5 日	香港地铁金钟站	车厢起火	人为纵火	伤 14 人
2004 年 4 月 1 日	广州地铁 3 号线	塌方	地质结构特殊，连降暴雨	
2004 年 7 月 10 日	新疆喀什叶城县地下窨井	中毒	非法储存成品油	死 4 人
2004 年 7 月 21 日	广州地铁 1 号线	大面积停电	电线短路	3900 人退票撤离
2004 年 8 月 1 日	吉林长春欧亚商都地下商场	煤气泄漏	地面下沉，管道受力不均匀，被撕裂	煤气浓度接近爆炸临界点，上万人大疏散

续表

时间	场所	灾害类型	事故原因	伤亡损失
2004 年 12 月 6 日	沈阳北站广场地下旅馆	火灾	烛火引燃可燃物	7 死 5 伤
2005 年 3 月	台北县新店远东工业区一大楼地下室	爆炸	配电箱爆炸起火	100 余辆车损毁，损失超千万元
2005 年 4 月 19 日	云南丽江古云杉酒店停车场地下室	火灾		
2005 年 5 月 8 日	安徽铜陵市大富豪地下商场	火灾	不详	过火面积 30 多平方米
2005 年 8 月 5~7 日	上海地下公共设施	水灾	台风“麦莎”影响	32 处地下车库，7 处地下立交，27 处小区地下设施，1 处地铁，1 处医院，10 处地下仓库进水
2005 年 8 月 26 日	北京地铁	火灾	风扇短路	司机灼伤，地铁停运 50 分钟，地面拥堵
2005 年 12 月	山东淄博第二毛纺厂地下室	火灾	居民私搭乱建，引发配电箱起火	500 多户居民无法用电
2006 年 1 月 21 日	内蒙古包头市东河区劝业商城（地下商城）	火灾	电线绝缘损坏，短路引燃可燃物	直接经济损失达 80 多万元
2006 年 1 月 29 日	西安中国电子科技集团家属楼地下管网	爆裂	热水系统主管道爆裂	1 死 1 伤
2006 年 3 月	上海虬江路 1368 弄 2 号楼地下车库	水灾	水管球阀损坏	500 多平方米地下车库被淹，整栋大楼停电
2006 年 4 月 4 日	合肥某大厦地下车库	水灾	排水不畅	多辆高档轿车被淹
2006 年 4 月 6 日	广东佛山禅城区地下车库	危险品泄漏	20 多罐溴甲烷存放太久，发生泄漏	

续表

时间	场所	灾害类型	事故原因	伤亡损失
2006 年 10 月 5 日	上海金茂大厦地下车库	二氧化碳泄漏	大型灭火装置发生泄漏	5 人中毒送医
2006 年 11 月 2 日	乌鲁木齐乘龙工艺包装厂地下室	火灾	易燃物品大量堆放	4 死 4 伤
2007 年 1 月 11 日	广东佛山海琴湾地下车库	水灾	地面下陷，饮水管接驳处脱落	损失惨重，附近小区停水 5 小时
2007 年 5 月 13 日	甘肃酒泉肃州区北后街一居民楼地下室	火灾	蜡烛引燃	死 3 人
2007 年 6 月 16 日	重庆白马凼嘉宏花园地下停车场	水灾	乱倒垃圾使市政主排水管道堵塞	损失百万元
2007 年 7 月 18 日	济南泉城广场银座地下购物广场	水灾	暴雨袭击	损失过亿元
2007 年 8 月 17 日 2008 年 3 月 2008 年 11 月 23 日	上海十六铺面料城地下商铺	水灾	消防总闸爆裂；泵房内电线短路，消防设备非正常启动；水箱浮动装置故障	50 多家商铺被淹
2007 年 10 月 6 日	广州如意坊地铁工地	塌方	地质条件复杂，富含水淤泥	数百名熟睡居民被紧急疏散
2007 年 10 月 7 日	杭州华浙大厦地下车库	水灾	暴雨袭击	近 3000 万元
2007 年 12 月 7 日	北京朝阳区某地下施工工程	透水塌方		1 死 3 伤
2008 年 1 月 12 日	北京朝阳区千鹤家园地下二层一出租屋	火灾	租户使用热得快	1 人脑死亡
2008 年 3 月 4 日	北京地铁	踩踏	电梯异响	13 人受伤
2008 年 3 月 25 日	北京西城区西外南路榆树馆西里地下室	火灾	用天然气做饭引燃	不详

续表

时间	场所	灾害类型	事故原因	伤亡损失
2008年3月31日	上海地铁一号线人民广场站	水灾	泡沫塑料堵住下水道	4部自动扶梯停运
2008年4月4日	重庆三峡广场轻轨地下工程	工程事故	岩石垮塌	1死3伤
2008年5月23日	广州地铁1号线	供电设备故障		停运89分钟，数万乘客受影响
2008年5月28日	台北板桥市长安街349号地下室	中毒	毒气泄漏，三氯甲烷浓度超标	4人送医
2008年6月9日	长沙时代帝景大酒店地下车库	水灾		多辆车被泡在水里
2008年6月15日	湖南安化梅城东山某地下室	中毒	施工机械产生大量气体，通风不畅	3人一氧化碳中毒送医
2008年7月4日	北京地铁五号线	水灾	暴雨	五号线部分线路停运
2008年7月12日	河南郑州某小区地下车库	水灾	暴雨	5个地下车库被淹，百余辆汽车电动车受损
2008年9月1日	陕西榆林地下摩配城	水灾	水管破裂	2400平方米商城被淹，商户损失严重
2008年10月6日	福建石狮德辉文化大厦地下车库	水灾	暴雨	40辆中高档轿车被淹
2008年10月25日	石家庄地下供热管道	火灾	电焊引燃保温材料	死2人
2008年11月15日	杭州地铁湘湖站工程	坍塌	违规施工，冒险作业，基坑严重超挖	死21人，伤24人，直接经济损失4961万元
2008年12月16日	邯郸光明商贸中心地下停车场	火灾	用电过量，电缆超负荷	整栋大楼断电
2008年12月26日	山西运城一地下室	火灾	电线短路	无人员伤亡
2009年1月29日	湖南长沙望城县高岭西街一居民地下室	火灾	垃圾堆放	无人员伤亡

续表

时间	场所	灾害类型	事故原因	伤亡损失
2009年2月2日	宁夏石嘴山思源小区一地下室	火灾	小孩玩火，引燃垃圾	无人员伤亡
2009年3月5日	四川南充高坪区某家具厂地下仓库	火灾	不详	三层楼厂房烧毁
2009年3月8日	南京夫子庙依迪地下商场	火灾		
2009年3月23日	新疆天山区操场巷一居民地下室	火灾	灯泡使用时间过长烤燃杂物	
2009年4月9日	北京市五棵松地下通道	坍塌		2人被埋
2009年4月11日	福建南平某地下一层大型医药超市	中毒	柴油发电机发电导致一氧化碳中毒	多人送医
2009年5月4日	上海闸北阳城花园地下非机动车库	火灾	燃气助动车泄漏易燃气体遇照明灯具发出电火花	
2009年7月19日	深圳地铁1号线	坍塌		1死1伤
2009年8月2日	江苏昆山某地下车库	水灾	暴雨	31辆中高档轿车被淹，损失上千万元
2009年8月2日	西安地铁1号线	塌方	施工人员违规操作	死2人
2009年8月26日	上海曲阳路农工商超市地下室	水灾	地下泵房水管突然爆裂	数百平方米商铺被淹，3个单元楼停水
2009年9月2日	哈尔滨黄河公园地下改建工程	坍塌	脚手架整体失稳	1人被埋
2009年9月18日	深圳龙岗人人购物商场地下室	干冰泄漏	灭火系统中一罐体泄漏，系保管不善导致	
2009年10月13日	深圳地铁5号线	塌方		死1人
2009年12月10日	上海嘉定马陆汽配城地下室	火灾	电焊工违规操作	

续表

时间	场所	灾害类型	事故原因	伤亡损失
2009年12月22日	上海地铁1号线	侧碰、火灾	供电触网跳闸故障	列车停运
2010年3月20日	上海中山南路某在建商务楼地下二层	坍塌		2死3伤
2010年5月7~23日	广州35个地下车库	水灾	连日暴雨	18000多辆车被泡，损失估计5.438亿元
2010年6月28日	上海浦东丹桂佳园小区地下车库	水灾	水管爆裂	300多辆自行车助动车被泡，居民损失严重
2010年7月14日	北京地铁15号线	施工事故	深基坑钢支撑脱落	2死8伤
2010年7月16日	中石化大连输油管线	爆炸	违规作业	大连新港停产12天，430平方公里海域污染，1人轻伤，1人失踪，救火中1人牺牲，1人重伤，直接经济损失22330.19万元
2010年7月28日	南京市栖霞区迈皋桥街道地下管网	爆炸	挖掘机违规碰裂地下丙烯管线，造成丙烯泄漏爆燃	22死，120伤，直接经济损失4784万元
2010年9月20日	台湾高屏区地下室	水灾	台风“凡比亚”侵袭	316栋楼地下室积水，5620户停水，4685户停电
2010年10月5日	广州天河区华景新城地下室	火灾	施工人员操作不当	
2011年1月10日	广州地铁	火灾	人为纵火	车厢严重受损，乘客恐慌
2011年1月16日	浙江瑞安地下污水池	爆炸	挥发性和易燃性气体引起	2伤

续表

时间	场所	灾害类型	事故原因	伤亡损失
2011 年 6 月 20 日	武汉东润上域小区地下室	水灾	大雨	2 名物业人员被困
2011 年 6 月 23 日	北京地铁	水灾	强降雨	多条地铁线路停运
2011 年 7 月 21 日	北京海淀羊坊店会城门小区 13 号楼地下室	水灾	下水井管道破裂	12 户被淹
2013 年 11 月 22 日	青岛市黄岛区中石化输油管线	爆炸	输油管线爆裂	63 死 156 伤，泄漏原油进入市政排水暗区，直接经济损失 7.5 亿元
2014 年 1 月 12 日	北京昌平区创新路地下供电管线铺设	中毒		4 死 3 伤
2014 年 6 月 30 日	大连市中石油新大一线输油管	爆炸	电力工程将输油管线挖断	污染自来水管网

表 2-5　20 世纪以来国内城市地下空间灾害事故类型统计

单位：起

灾害类型	火灾	水灾	爆炸	塌方	踩踏	中毒	停电	其他	总计
统计	33	22	11	11	1	7	1	9	95

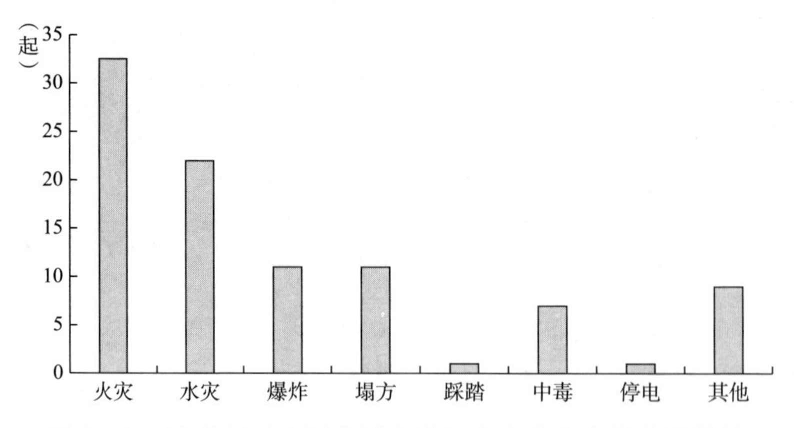

图 2-3　20 世纪以来国内城市地下空间灾害事故类型统计

表 2 -6　20 世纪以来国内城市地下空间灾害事故发生场所统计

单位：起

发生场所	地铁	地下通道	地下车库	地下管线	地下商场	地下室	地下工程	其他	合计
统计	17	1	16	8	11	24	10	8	95

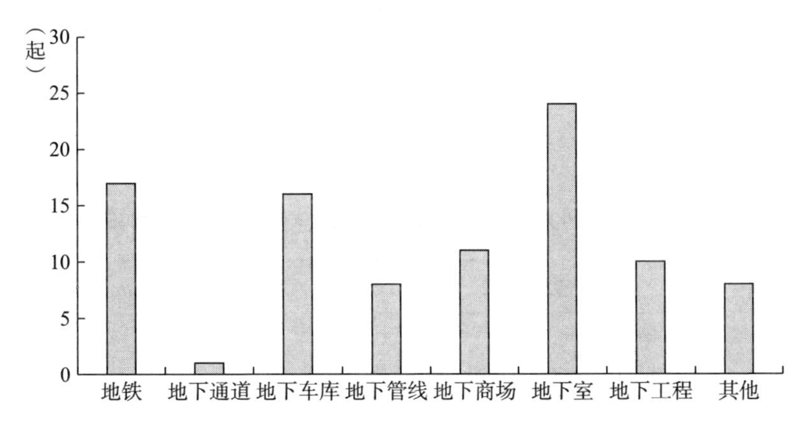

图 2 -4　20 世纪以来国内城市地下空间灾害事故发生场所统计

日本是城市地下空间开发利用较早的国家，其对地下空间的灾害也进行了大量研究。表 2 -7 是日本专家组对 1970 ~1990 年日本国内外地下空间各种灾害事故做的汇总和对比。

表 2 -7　1970 ~1990 年日本国内外地下空间各种灾害事故汇总及对比

单位：起，%

灾害类别	火灾	空气污染	施工事故	爆炸事故	交通事故	水灾	犯罪	地表沉陷	结构破坏	水电供应	地震	雪灾和冰灾	雷击事故	其他	合计
国内数	191	122	101	35	22	25	17	14	11	10	3	2	1	72	626
国外数	270	138	115	71	32	28	31	16	12	111	7	2	2	74	909
事故比例	30.0	16.9	14.1	6.9	3.5	3.5	3.1	2.0	1.5	7.9	0.7	0.3	0.2	9.5	100

资料来源：方正《关于地下建筑火灾防治的若干问题》，《建筑、环境和土木工程学科发展战略研讨会论文摘要汇编》，国家自然科学基金委员会，2004。

由表2－1～表2－7可以看出，城市地下空间的灾害类型主要有：火灾、空气污染、施工事故、爆炸事故、交通事故、水灾、大面积停电、踩踏及犯罪等。从事故发生的原因分主要有：电线短路、设备故障、暴雨袭击、人多拥挤、煤气泄漏、恐怖袭击等；按照事故发生的阶段分：施工阶段的事故、运营阶段的事故等。

表2－8反映了1997～1999年我国地下空间火灾损失情况；图2－5、图2－6、图2－7分别体现了1997～1999年我国地下空间与高层建筑的火灾次数与损失对比情况。

表2－8　1997～1999年我国地下空间火灾损失情况

年份	火灾次数（次）	死亡人数（人）	直接经济损失（万元）
1997	4686	306	14101.1
1998	3891	288	13350.4
1999	4059	340	12952.7

资料来源：上海市民防办公室、上海市地下空间管理联席会议办公室编《城市地下空间安全简明教程》，2009。

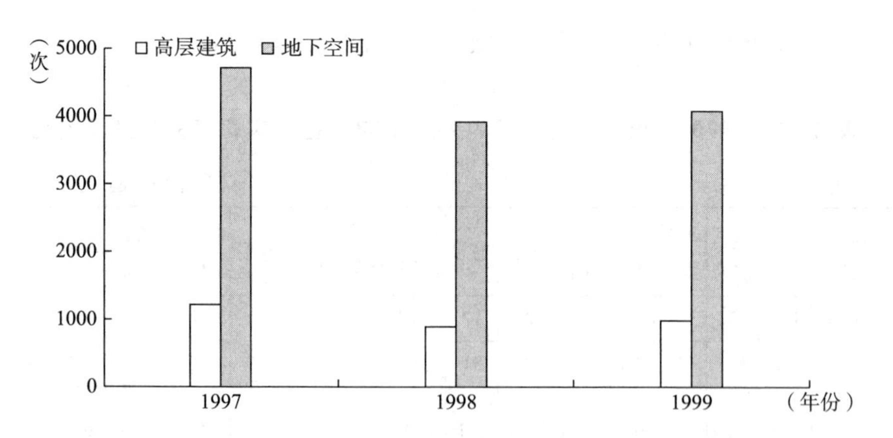

图2－5　1997～1999年高层建筑和地下空间火灾次数对比

1997～1999年我国地下空间年均发生火灾次数为高层建筑的3～4倍，地下空间火灾所致死亡人数为高层建筑的5～6倍，地下空间火

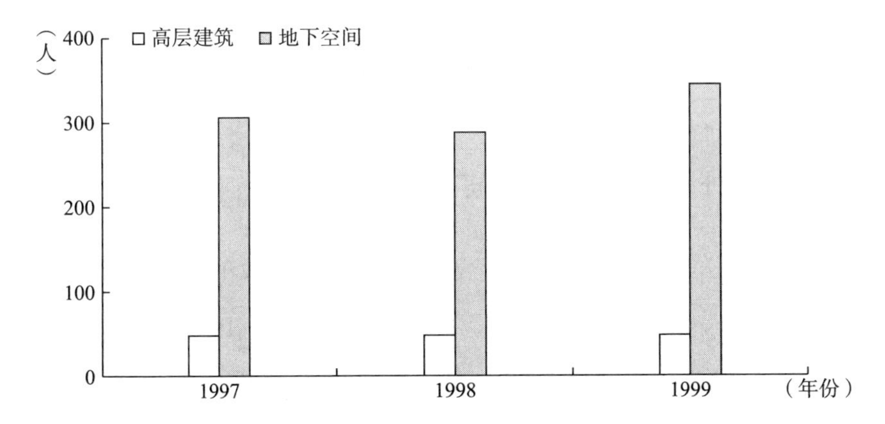

图 2-6 1997~1999 年高层建筑和地下空间火灾死亡人数对比

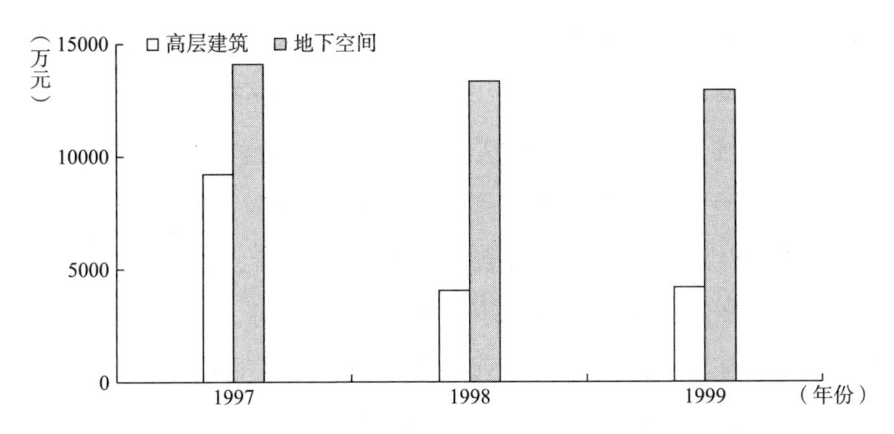

图 2-7 1997~1999 年高层建筑和地下空间火灾直接经济损失对比

灾所致直接经济损失额为高层建筑的 1~3 倍。[21] 可见城市地下空间一旦发生灾害，其损失比地面空间和高层建筑的损失要大得多。从事故发生的原因可以看出，城市地下空间的灾害事故大多数是可以通过加强安全管理、改进安全设备、强化安全监管、增强安全意识等措施来控制的。因此，在大规模开发利用地下空间的同时，加强地下空间的安全管理刻不容缓。

第三节　城市地下空间的相关研究

一　国外城市地下空间研究

地下空间的开发利用是城市化发展到一定阶段的产物。随着城市化进程的加快，城市人口暴涨，带来了土地资源不足、交通环境恶化、空气污染严重等城市问题，为了缓解城市化进程中出现的问题，合理开发利用城市地下空间成为必然的选择路径之一。

西方发达国家非常重视对城市地下空间的开发利用，至今已有150多年的历史。从1863年世界上第一条地铁在英国伦敦建成使用，到1957年日本建成世界上第一条商业街，到1962年加拿大蒙特利尔建成地下城，到1996年俄罗斯马涅什地下购物中心建成，再到2015年纽约曼哈顿筹建地下公园；从早期的地铁，到大型建筑物的地下延伸，再到复杂的地下综合体、地下购物街、地下管网系统甚至地下城的兴建，业已形成地下交通、城市管网、地下能源、水源储备和地下商业综合体等一系列综合开发模式。目前，西方发达国家城市地下空间的开发利用，已经从解决城市化带来的城市综合症，转向立体化城市的开发利用，以充分利用城市空间，打造舒适宜居的城市环境。随着世界各国对地下空间展开大规模开发建设与利用，所出现的规划问题、工程问题、防灾问题、安全问题等，同样引起了多方面专家的关注，关于地下空间安全的研究也越来越受到学界重视。

自1977年第一届地下空间国际学术会议在瑞典召开后，40多年来，国外学术界一直关注对地下空间的研究，曾多次召开以地下空间为主题的国际学术会议，并通过了很多关于开发利用地下空间的决议、文件和宣言。表2－9呈现了1982年以来历届国际城市地下空间学术会议及讨论的主要内容。

表 2－9　1982～2016 年城市地下空间国际会议及讨论的主要内容

年份	地点	会议	讨论的主要内容
1982	瑞典	“Rock Store”国际学术会议	提出“开发利用地下空间资源为人类造福的倡议书”
1983	日内瓦	联合国经济和社会理事会	确定地下空间为重要自然资源的文本，并把地下空间的开发利用包括在其工作计划之中
1991	东京	城市地下空间利用国际学术会议	通过了《东京宣言》，提出“二十一世纪是人类地下空间开发利用的世纪”
1995	巴黎	第 6 届地下空间国际学术会议	以“地下空间与城市规划”为主题，成立了国际城市地下空间研究会
1997	蒙特利尔	第 7 届地下空间国际学术会议	明天——室内的城市（Indoor Cities of Tomorrow）
1999	西安	第 8 届地下空间国际学术会议	跨世纪的议程和展望
2000	都灵	第 9 届地下空间国际学术会议	城市地下空间——作为一种资源（Urban Underground Space：a Resource for Cities）
2005	莫斯科	第 10 届地下空间国际学术会议	经济和环境（Economy and Environment）
2007	希腊	第 11 届地下空间国际学术会议	地下空间——拓展前沿（Underground Space：Expanding the Frontiers）
2009	深圳	第 12 届国际地下空间学术会议	建设地下空间使城市更美好
2012	新加坡	第 13 届国际地下空间学术会议	地下空间的发展——机遇和挑战
2014	首尔	第 14 届国际地下空间学术会议	地下空间：规划、管理与设计挑战

续表

年份	地点	会议	讨论的主要内容
2016	圣彼得堡	第 15 届国际地下空间学术会议	可持续发展的先决条件：地下空间城市化

通过天津工业大学图书馆的外文数据库，笔者利用 http://ieeexplore.ieee.org/、http://www.sciencedirect.com 及 http://link.springer.com/，以 Underground space，Urban underground space 和 Urban underground space safety 为关键词进行检索（时间为 2017 年 4 月 25 日），结果如表 2－10 所示。

表 2－10　以地下空间相关词汇为关键词的外文文献搜索结果

单位：篇

数据库	Underground space	Urban underground space	Urban underground space safety
http://www.sciencedirect.com	59244	12690	5261
http://link.springer.com/	55716	16528	5968
http://ieeexplore.ieee.org/	8800	1687	254

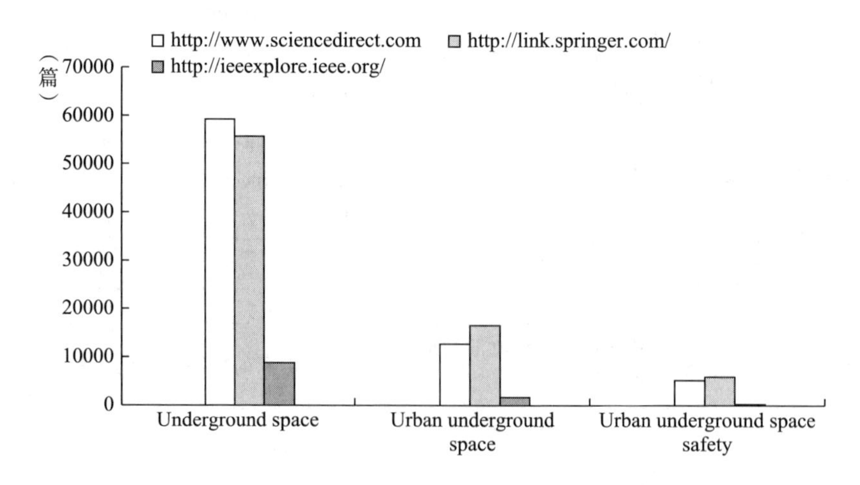

图 2－8　以地下空间相关词汇为关键词的外文文献搜索结果对比

为了更准确地了解国外对城市地下空间安全管理的研究状况，笔者再次以 Underground space，Urban underground space 和 Urban underground space safety 为关键词，利用数据库 http://www. sciencedirect. com/ 检索了 2006～2015 年 10 年来国外文献，具体情况见表 2－11。

表 2－11　2006～2015 年城市地下空间相关词汇外文文献搜索结果

单位：篇

词汇	2006年	2007年	2008年	2009年	2010年	2011年	2012年	2013年	2014年	2015年
Underground space	1456	1540	1635	1848	1699	2236	2401	2907	3126	3478
Urban underground space	289	300	364	391	366	485	583	732	791	867
Urban underground space safety	129	119	134	165	136	169	259	326	325	346

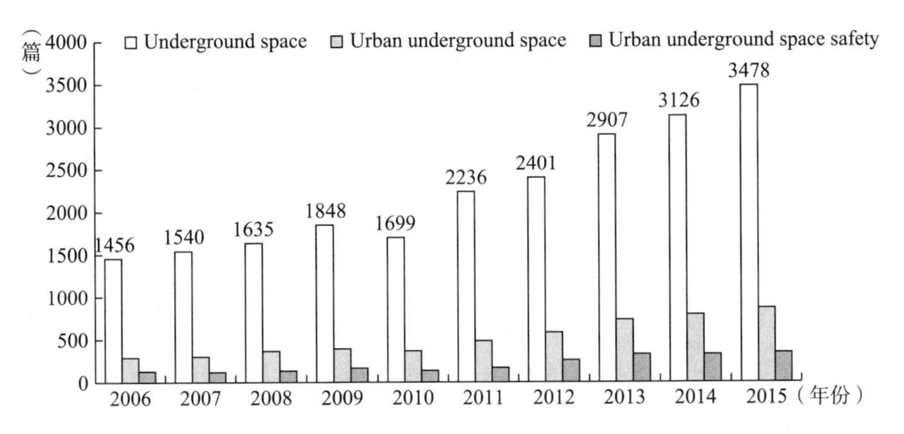

图 2－9　2006～2015 年城市地下空间相关词汇外文文献搜索结果

从图 2－8、图 2－9 及表 2－10、表 2－11 可以看出，随着城市化进程的加快，城市地铁、城市地下大型综合体、公交隧道、地下街、地下购物中心等的大规模开发利用越来越多，引发的相关工程问题、地层结构问题、城市规划问题等越来越受到国外学界的重视，但对城市地下空间的研究主要是集中在开发利用方面，更多的是从工程的角度对地下空间的结构、开发的可行性、效益等方面来进行研究，在安全管理方面的研究还比较缺乏，从 2006 ~ 2015 年 10 年的文献统计来看，对城市地下空间安全管理的研究约占地下空间研究的 1/10，2012 年之后呈上升趋势，说明城市地下空间的安全问题越来越受到国外学界的关注。

日本由于国土面积小、人口密度大的现实国情，是世界上最早进行城市地下空间开发利用的国家之一，并且在地下空间利用的深度、规模、用途、法规等方面都比较成熟与合理。日本自 1926 年在东京建设共同沟开始，90 多年来形成了集电力、通信、消防、供冷供热、垃圾处理、综合物流等多种功能的共同沟网络系统，并于 1963 年颁布了《关于建设共同沟的特别措施法》、《共同沟法实施令》和《共同沟法实施细则》，从法律层面规范和保障共同沟的规划、建设和管理。比如东京的日比谷、麻布和青山地下综合管廊，横滨港未来 21 世纪港，大阪关西国际空港等地的共同沟建设，无论规划、设计、施工、建设与管理，还是材料、设备、防灾、监控，都与地铁、地下车库、地下街等设施统一规划、同步建设，取得了极大成功。[22]

日本对城市地下空间开发利用具有法规健全、产权明晰、机制灵活等特点。其中，日本有关地下空间资源开发利用的法规很多，如涉及地下空间权益界定的有《大深度法》，涉及规范地下空间开发建设的有《建筑基准法》《都市计通法》《消防法》《下水道法》《驻车场法》《道路法》等。其中《大深度法》明确规定：私用土地地面下 50 米以上和公用土地的地下空间使用权归属国有，国家和政府在开发利用上述地下空间时无须向其地上土地所有者进行相关补偿。同时，该法还明确了对大深度利用的安全和环境要求，《大深度法》第五条规定：在使用大深度地下时，必须依据其特性，考虑安全保障以及环境保护。[23]日本政府制定了大深度利用安全指南，该指南针对火灾与爆炸、地震、进水、停电、犯罪等事故和事件提出了不同的措施。

日本学者对城市地下空间的研究也很多。Nishi、Junji，Kamo、Fujio 等人利用问卷调查的方式，对比了人们在地下空间和地面空间工作的不同反应，提出了减少地下空间人们的恐惧、保障健康和安全的建议。[24] Watanabe L.、Ueno S.、Koga M.、Muramoto K.、Abe T.、Goto T. 等人利用 1990 年日本商业保险公司对地下空间的安全和灾害事故产生的风险问题进行的为期三年的调查研究，通过广泛收集和分析灾害案例，揭示了大规模开发利用地下空间的潜在风险，提出针对地下空间的安全和灾害问题的预防措施。[25] Nishida Y.、Uchiyama N. 指出，提高地下空间的利用效率，需要整合地表和次地表的资源，创造一个能提供便利设施和安全的城市社区，这需要城市规划者、地下空间使用者和管理者之间共同协作。[26] Ogata Y.、Isei T.、Kuriyagawa M. 等人讨论了大规模、深度开发利用地下空间的环境问题、安全措施和灾难预防，并提出深度地下空间开发相关的心理研究，提出检测和管理的重要性及发展关键技术保证地下空间安全的必要性。[27] Tatsukami T. 指出，日本位于道路下的大型地下购物中心开发，受到很多法律制约和管制。但是，由于城市人口的密度增加，开发地下空间有其经济和公共利益，Tatsukami 对横滨站东的地下空间开发提出了对潜在风险的预防措施。[28]日本东京技术学院机械和航空航天工程系 Guarnieri Debenest、Hodoshima、Hirose S.，HiBot 公司 Inoh Takita 和九州大学信息科技和电子工程研究所的 Kurazume Masuda、Fukushima 联合研制了用于特殊用途的追踪机器人——太阳神机器人[29]，用于特殊区域特别是地下空间安全事故的搜救工作，从技术上保证了消防队员的安全。日本独立行政学院公共工程研究所 Mashimo H. 研究了日本的公路隧道中的安全技术[30]，指出在工程设计、施工、运营中安全是最重要的任务，需要建立安全的技术标准和实施措施。

《地下空间的安全和灾难预防方法——事故案例分析》[31]一文提出，在过去的时间里，由于技术的进步和日本内政部指示的实施，日本地下空间设施的安全标准和灾害预防方法有了极大改善。然而随着地下空间作为生活领域的增加，安全和灾难预防将成为需要解决的最主要问题。该文通过对大量事故案例的研究，总结出地下空间的主要灾害：火灾和爆炸、缺氧和毒气、洪水和停电，并描述了各种灾害的特征和在各种灾害情况下的预防方法。日本学者在《地下空间利用的安全方法》[32]中，讨论了发展地下空间过程中，大规模深层地下空间的环境问题、安全方法及灾害预防问题。

捷克学者 Procházka P. P. 和 Kravtsov A. N. 研究了地下空间发生的爆炸和空袭波[33]，并得到了空袭波的计算公式；美国密歇根大学土木与环境工程系的学者研究了在城市开挖作业过程中，利用地理空间数据库和增强可视化的方法，来保障开挖的安全性[34]；英国健康与安全部专家研究了国际城市隧道开挖中的第三方安全问题[35]；俄罗斯隧道协会和信号科学与生产合作中心专家研究了城市隧道的消防系统[36]，该系统能及时提供人员安全、保护财产、减少火灾风险和最大限度地消除火灾损失；印度和新加坡学者对城市地下空间在建设和运营中的结构安全进行了研究，并提出实施监测、监控，减少潜在风险的技术措施[37]；西班牙学者研究了城市公用隧道内气体泄漏引发灾害的识别问题，目的是监控风险并提出地下空间的安全和卫生标准[38]；德国地下交通设施研究会专家研究了城市公路隧道中通风系统、汽车尾气排放、新鲜空气需求、污染物在隧道内的扩散和消防安全标准等[39]；荷兰代尔夫特理工大学建筑学院教授研究了荷兰隧道的多功能综合问题[40]，指出荷兰轨道交通开发决策者面临的主要问题：安全问题、高成本问题、多样化的环境问题、复杂的经济问题和城市发展目标，同时指出缺乏有效的监管，也没有类似可以借鉴的实际案例。

ITA（国际隧道协会）前副总裁 Jean Paul Godard 对地下空间的研究表明：设计地下空间的地形位置时，首先应考虑人们的健康、安全和心理因素，同时也不应忽略地下设施的利用率，而且必须采取措施，创造卫生、舒适、安全的地下空间。[41]

在过去几十年里，关于地下空间结构内的火灾问题学者进行了学术研究和案例研究，如何建立合适的通风系统和帮助人们安全疏散的程序成为关注重点。[42]

从国外学者的研究可以看出，目前关于城市地下空间的研究大多集中于开发利用和工程技术问题等方面，尽管有关城市地下空间安全研究已引起相关专家学者的关注，但相关研究仍有待深入开展。

二 国内城市地下空间研究

与发达国家相比，我国城市地下空间建设与开发利用起步较晚，尽管我国中央政府和一些大型城市已经认识到城市地下空间开发利用的重要性，但城市地下空间仍然没有被广泛列入城市建设规划之中。

由中国城市科学研究会理事长、原建设部副部长周干峙院士主持，中国工程院课题组编著的《中国城市地下空间开发利用研究》一书，已于2001年正式出版发行。由北京市规划委员会、北京市人民防空办公室和北京市城市规划设计研究院联合主编的《北京地下空间规划》也于2006年出版，该书系统地介绍了通过开发利用城市地下空间的途径来解决或缓解城市人口、能源、污染、环境、交通等问题，并介绍了在开发利用城市地下空间方面取得的规划和研究成果，对于全国其他大城市在地下空间的开发利用方面也具有启示和借鉴意义。

原建设部于1997年10月24日通过《城市地下空间开发利用管理规定》，自1997年12月1日起施行。该《规定》中第二十七条明确强调了建设与使用单位的安全责任，明确要求城市地下空间的建设或使用单位应在使用中建立、健全地下空间安全责任制度，采取切实可行的措施，杜绝可能发生的各类灾害，如火灾、水灾、爆炸等以及各种危害人身健康的污染等。

2001年11月2日原建设部第50次常务会议审议通过《关于修改〈城市地下空间开发利用管理规定〉的决定》，自发布之日起施行。将原来的第二十七条修改为：城市地下空间的建设或者使用单位要建立、健全地下空间的使用安全责任制度，应当采取可行的措施，防范各类灾害如火灾、水灾、爆炸等以及危害人身健康的各种污染发生。修改后的规定要求地下空间建设和使用单位应当建立、健全相关安全责任制度，并积极防范各种灾害的发生。《城市地下空间开发利用“十三五”规划》（住房和城乡建设部，2016年5月）的发布，将进一步为促进城市地下空间的科学开发与合理利用，为各地开展城市地下空间规划、建设和管理指明方向。

国内学者对地下空间的研究始于20世纪80年代，最早以介绍国外地下空间的开发利用现状为主[43-46]，意在促进我国地下空间开发利用，以缓解城市化带来的各种“城市综合症”。90年代以后，随着国内各大城市对地下空间的大规模开发利用，对地下空间的研究迅速发展，从介绍国外地下空间开发中的技术[47-51]，到国内各大城市地下空间的开发利用研究，层出不穷。20世纪以后，更是掀起了地下空间开发利用的热潮。借助网络搜索工具和相关数据库的检索引擎，我们可大概了解近年来国内学界对地下空间研究的情况。

首先，通过互联网，以“地下空间、地下空间安全、地下空间开发”等相关内容为主题关键词，利用各大门户网站的搜索引擎，进行了搜索（时间：2017 年 4 月 26 日 9：30～10：00），结果如表 2－12 所示。

表 2－12　2017 年 4 月 26 日地下空间及相关关键词搜索结果

关键词	搜索工具			
	Google（项）	搜狗（个）	百度（篇）	360 搜索（条）
地下空间	784000	111947	11800000	70100000
地下空间安全	160000	38856	2290000	24000000
地下空间开发	177000	59111	2370000	25500000

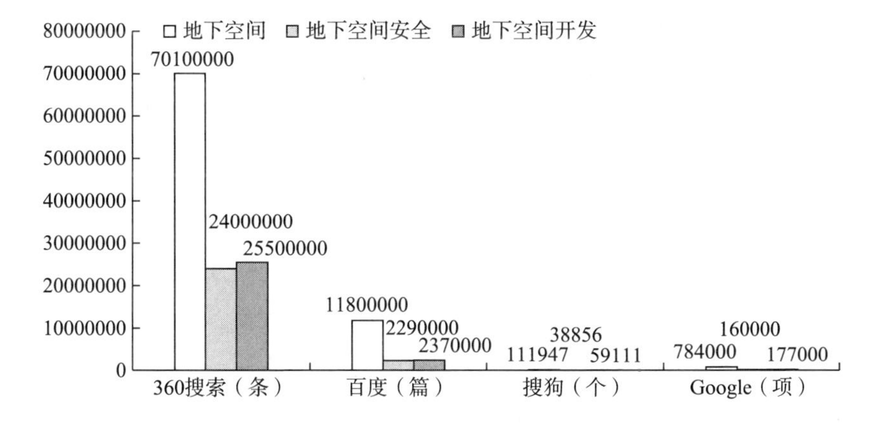

图 2－10　2017 年 4 月 26 日地下空间及相关关键词搜索结果对比

从图 2－10 及表 2－12 可以看出，各大搜索引擎关于地下空间的信息报道很多，最多的“360”搜索达到上千万条，而和地下空间安全相关的报道不足 1/5，其他搜索引擎也是如此，说明关于城市地下空间的问题已经引起各级政府、民众、科研院所、高等学校等的重视，但大多集中在地下空间开发利用、经济效益等方面，关于城市地下空间安全的报道以安全事故为主。

为了更准确地了解国内有关地下空间研究的成果及现状，笔者利用中国知识资源总库——CNKI 系列数据库，以“地下空间”及相关词汇“地下空间开发、地下空间利用、地下空间管理、地下空间灾害、地下空间安全、地下空间权”等为主题关键词，对 2007 ~ 2016 年共 10 年的中文期刊全文系列数据库进行了搜索，时间为 2017 年 4 月 26 日 20：10 ~ 20：40，结果如表 2 – 13 及图 2 – 11 所示。

表 2 – 13　2007 ~ 2016 年国内学界有关地下空间研究数量统计

单位：条

年份	地下空间（其中博硕学位论文）	地下空间开发	地下空间安全（其中博硕学位论文）	地下空间管理	地下空间权
2007	282（27）	101	7（0）	13	3
2008	233（28）	77	9（0）	17	5
2009	293（35）	85	7（1）	21	3
2010	326（30）	103	11（1）	21	4
2011	310（30）	101	8（1）	21	4
2012	307（56）	66	6（0）	16	8
2013	399（59）	136	12（1）	38	6
2014	387（39）	126	12（1）	25	4
2015	353（45）	99	11（1）	12	4
2016	408（32）	147	6（0）	27	2
合计	3298（381）	1041	89（6）	211	43

从图 2 – 11 及表 2 – 13 可以看出 2007 ~ 2016 年中文期刊全文系列数据库搜索结果，关于地下空间的研究呈增长趋势，但主要是关于地下空间开发利用的研究，2016 年地下空间安全的研究文献约占总数的 1/40，而有关地下空间安全、地下空间管理和地下空间权等的研究文献总和约占地下空间研究的 1/10；而以研究地下空间安全为主题的博硕学位论文数量仅占以研究地下空间为主题的博硕学位论文的 1. 57% 。

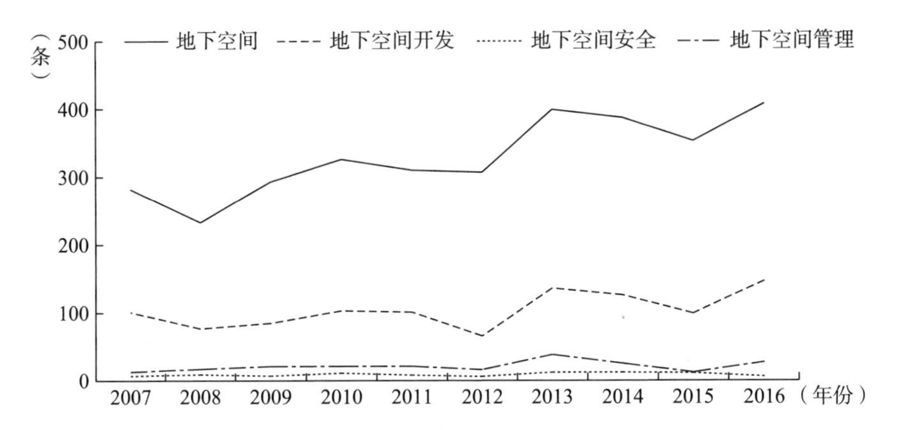

图 2-11　2007~2016 年国内学界有关地下空间研究数量对比

本研究利用中国知网（CNKI）1979~2016 年数据库，以“地下空间”及相关词汇“地下空间开发、地下空间管理、地下空间灾害、地下空间安全、地下空间权”等为主题关键词进行文献检索，结果如表 2-14 所示。

表 2-14　1979~2016 年有关地下空间主题论文 CNKI 系列数据库搜索结果

单位：条

主题关键词	中国期刊全文数据库	中国重要会议论文全文数据库	中国博硕学位论文全文数据库	中国报纸全文数据库	合计
地下空间	2987	370	420	833	4610
地下空间开发	953	127	103	380	1563
地下空间安全	73	7	7	27	114
地下空间灾害	149	29	2	1	181
地下空间管理	162	23	24	84	293
地下空间权	25	17	0	2	44

从图 2-12 及表 2-14 可以看出，中国知网近四十年的研究文献，无论是期刊、会议、博硕学位论文还是报纸数据库，关于地下空间安全的研究都少之又少，而系统研究地下空间安全的博硕学位

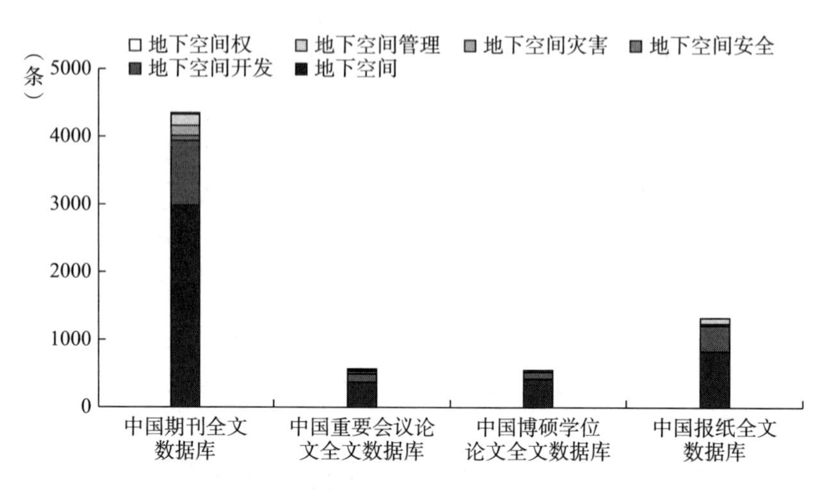

图 2－12　1979～2016 年有关地下空间主题论文 CNKI 系列数据库搜索结果对比

论文只占地下空间研究博硕学位论文的 1/60，且主要集中在近十年。

从可查到的文献可知，我国关于城市地下空间的研究呈现繁荣，但文献主要集中在开发利用、工程及结构、规划设计等方面，安全管理（包括灾害管理）的文献还相当少，且主要是期刊论文，系统研究地下空间安全管理的硕士学位论文和博士学位论文几乎没有。第一篇研究城市地下空间安全的文章是马积薪于 1993 年发表于《地下空间与工程学报》上的“地下空间的安全管理”。文章指出，现时地下空间规划很少提供必要的安全管理信息[52]，文章分析了地下空间存在的风险及可能的安全管理配置；2003 年时任北京市丰台区委副书记初建华根据自己在城市管理中的实践经验，论述了地下空间安全管理中存在的主要问题及对策[53]；浙江钱江房地产开发实业有限公司俞海荣针对城市地下空间大型车库安全防范系统存在的问题，设计了大型地下车库安全防范系统[54]；上海市民防科学研究所的季元、徐瑞龙根据上海市地下空间的安全管理存在的问题，提出了城市地下空间安全管理的基本思路[55]；中国国家图书馆王铭珍根据北京近年来地下空间的大面积开发利用以及安全管理的不善，呼吁地下空间的安全使用[56]；刘霞、袁全针对地下空间设计中的安全问题，提出基于人性化的地下空间安全设计研究[57]；北京市劳动保护科学研究所王妤甜对居住区的住人地下空间安全现状表示担忧[58]，认为居住区的住人地下空间存在着大量消防、治安和传染病隐患，而权属不清、管理混乱是居住区住人地下空间安全形势严重的根源所在；同济大学地下空间研究中心彭建等人通过国内外案例，总结了地下空间安全问题的特点，并提出了相应的管理对策[59]；同济大学隧道与地下工程研究所、岩土与地下工程教育部重点实验室孙钧院士探讨了地下空间运营期间的防灾与减灾问题，并对在国内地下空间安全管理中进一步深化研究进行了展望[60]；北京大学博士后徐静从智慧城市的视角研究了地下空间的安全管理问题，构建了基于智慧城市的地下空间安全管理模型，提出地下空间安全管理系统是一个复杂的自感知、自调节的闭环系统，通过网络通信、可视化、物联网、模拟仿真等先进技术的运用，实现城市地下空间建设与开发利用安全的闭合管理和智能决策[61]。

同济大学徐梅博士对城市地下空间的灾害管理进行了系统研究[62]，总结归纳了城市地下空间可能出现的灾害类型及事故特征，提出用“二元化”的方法构建城市地下空间灾害管理体系。中国矿业大学（北京）的赵丽琴博士从外部性的视角对城市地下空间安全进行了系统研究[63]，提出了政府管制、企业管理、社会监督、制度设计、安全文化建设等安全管理措施。哈尔滨理工大学工程管理硕士柳文杰对城市地下空间突发事故的应急处置与救援进行了研究[64]，针对地铁、地下商场人员密集场所的火灾、毒气泄漏突发事故进行应急管理分析，提出了基于 GIS 平台的城市地下空间应急管理系统。哈尔滨工业大学文学硕士杨洋对哈尔滨市地下商业街安全导识系统进行了研究[65]，通过调研哈尔滨地下商业街的安全导识系统，以安全学为指导，结合管理科学、行为科学的相关研究，提出了适合哈尔滨地下商业街的安全导识系统。广西大学公共管理硕士唐立从公共治理的视角探索了城市地下空间安全管理问题，从政府管制、企业自主管理和政府主导下的企业市场化治理三个方面设计了多元化治理主体机制[66]；中国矿业大学（北京）吕明博士对城市地下空间安全问题的可视化进行了系统研究[67]，并建立了城市公共地下空间安全可视化管理理论体系，设计了安全可视化管理信息系统总体架构。2014 年 12 月，由同济大学出版社统筹组织出版的《城市地下空间防灾与安全系列丛书》，具体包括《城市地下空间防洪与安全》《城市地下空间防火与安全》《城市地下空间抗震与安全》《城市地下空间防暴与防恐》《城市防灾与地下空间规划》等，从不同的视角探索了城市地下空间安全管理问题，为科学合理利用城市地下空间、提高城市的防灾能力提供了重要理论积累和实践指导。

2007 年 11 月，“2007 中国城市地下空间开发高峰论坛”于上海市举行，该论坛吸引了来自北京、上海、天津、广州、重庆等多个城市百余位知名专家学者参会，学者就城市地下空间开发利用中的风险管理、法制建设等诸多热点和难点问题展开了深入探讨，与会学者建议将“安全、资源、环境三位一体，作为城市地下空间资源开发利用的发展方针”，并把“安全”放在了首位。同年 12 月上海市民防办公室、市地下空间管理联席会议办公室共同主办了“城市地下空间安全使用管理专题研讨会”，围绕“加强城市地下空间安全使用”的主题深入研讨交流，重点探讨了城市地下空间安全使用的管理机制与职能划分、安全防范对策、安全风险评估及配套政策措施等课题。

2010 年 8 月 13 日于北京召开的第二届全国工程安全与防护学术会议，将“城市地下空间基础设施安全风险控制与对策”作为会议主题，并专题讨论了“城市地下空间安全风险管理及控制技术措施”和“城市地下空间运营安全风险问题”。

2015 年 12 月 17 日在上海召开了中国地下空间开发大会，会议高瞻远瞩地提出地下空间未来的发展趋势——地下安全的预防及重要性，综合管廊及海绵城市建设与地下空间的关系也受到各路专家的高度关注。2016 年 9 月 7 日第四届中国（上海）地下空间开发大会在上海召开，该会议重点关注了地下空间的政策制定与实施、综合开发利用途径与模式、人防及 BIM 技术的创新与应用等多个方面的内容，努力满足地下空间行业发展与解决实际问题的双重需求，与会专家以“联动发展 创新突破”为主题展开深入交流与探讨，为地下空间行业的发展注入新的思想、理念和技术。

三 研究文献述评

从国内外研究文献来看，城市地下空间研究取得了一定的成果，但城市地下空间安全管理方面的研究还处于起步阶段，国内外学者、专家、政府官员、研究院所、普通民众等都关注城市地下空间开发所带来的安全问题，地下空间安全已经成为影响城市健康发展的重要因素。从地下空间安全管理文献来看，主要存在以下不足。

（1）城市地下空间安全管理研究文献数量较少，且大多是期刊论文和会议论文，研究内容分散，缺乏针对地下空间安全问题的系统研究。

（2）研究更多的是针对具体问题，比如地下空间权属、地下空间安全措施等，缺乏从宏观的角度对国内地下空间安全问题进行的总体研究。

（3）对地下空间安全系统研究文献甚少，对地下空间安全外部性的研究也不多见，对地下空间安全产生的外部性控制与治理，缺乏从理论的高度进行深入研究。

本研究将运用安全管理理论、系统复杂性理论、系统脆性理论、外部性理论、政府管制理论、博弈论、委托代理理论等理论工具，从城市地下空间安全系统复杂性及脆性的视角入手，构建地下空间安全系统，研究城市地下空间安全系统的运行机制，对城市地下空间安全系统运营过程中所导致的安全外部性问题进行深入分析，并设计城市地下空间安全外部性控制的治理机制，提出外部性治理的相关措施，对城市地下空间安全管理提出合理制度安排，并最终开发设计城市地下空间安全预警平台。

第三章

城市地下空间安全系统构建

安全就是人们在生产、生活过程中，不发生导致死伤、职业病、设备或财产损失的状态。对于某些导致发生上述损失的状态，如其概率是可以接受的，也可视为安全[68,69]。因此，安全是主体没有危险的客观状态，它依附于一定的实体。安全不代表没有危险，可能是主体存在安全隐患，但还没有发生安全事故。系统的安全性可以用公式 $S=1-D$ 表示，其中 S 代表安全性，D 代表危险性。要想使系统处于安全状态，就要及时发现系统的危险源和事故隐患，并及时消除事故隐患，避免事故发生。

第一节　城市地下空间安全的概念

城市地下空间是城市空间的重要组成部分，是城市化进程中为了解决城市新出现的人口激增、空气污染、交通拥堵等问题应运而生的城市发展新模式，是城市功能的地下延伸。城市地下空间安全是城市空间安全的必要组成部分，是指处于城市地下空间系统中的人员、设施设备、环境等处于没有危险的状态。人员具体应包括地下空间的管理人员、服务人员、租赁人员、来到地下空间的消费者以及外来的设施设备维护人员等。设施设备包括维持地下空间运行的公共设施、电力设施以及地下空间中的市政设施等。环境是指地下空间所处的内部环境和外部环境。从“事故预防与控制”的视角研究城市地下空间安全，应包括城市地下空间结构安全、城市地下空间设施设备安全、城市地下空间场所安全、城市地下空间交通安全、城市地下空间人员安全、城市地下空间经营项目安全、城市地下空间环境安全等内容，这些方面可能单独出现安全事故，也可能交叉出现安全问题。

城市地下空间的安全事故必然会导致城市的安全问题，因此城市地下空间安全系统是城市安全系统的子系统。其关系如图 3－1 所示。

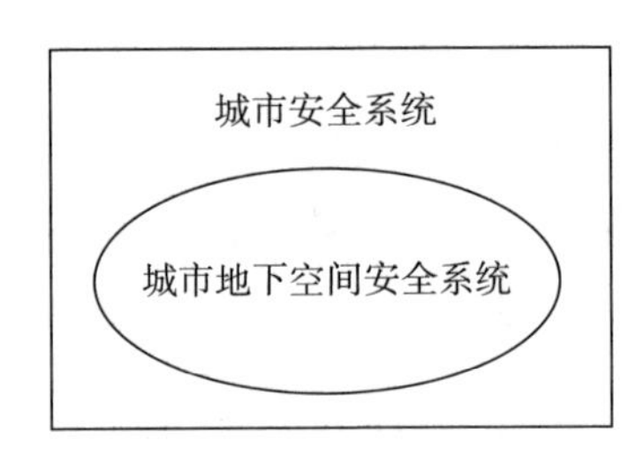

图 3－1　城市地下空间安全系统与城市安全系统的关系

一　城市地下空间结构安全

城市地下空间结构安全，是指城市地下空间工程在施工建设和运营的过程中突发偶然事件后，其整体结构在各种荷载压力以及变形作用下，未产生严重破坏性结果，仍能保持必要的稳定性。比如，城市地下空间结构在建设和运营阶段，能承受地面交通、地铁运营震动、风和积雪荷载等作用，坚固不坏，而在遇到强烈地震、爆炸、暴雨侵袭等偶然事件时，可能会出现局部损伤，但能保持整体结构的稳定性而不发生坍塌。

二　城市地下空间设施设备安全

城市地下空间是城市功能的地下延伸，结构复杂、业态类型多样。支持这些业态的设施设备自然众多。特别是目前大多数城市地下空间的开发规划将市政设施的管线埋于地下，如供水、电力、热力、燃气、通信等管网设施，甚至垃圾处理系统，地下停车场、地下交通等，众多公共设施集于一体，任何一种设施在运行过程中出现故障，都可能导致整个地下空间发生安全事故，甚至殃及地面空间和相连的众多区域。

三　城市地下空间场所安全

城市地下空间一般位于城市的核心地区，如金融中心、商业中心、交通枢纽或科技中心，其综合性功能包括地下交通、购物、休闲、娱乐、餐饮等多种功能，超市等购物场所不定期举办销售活动、娱乐场所也经常组织大型活动等，人流密度大且人员流动性强，无法进行安全培训，存在不同程度的安全隐患，从搜集到的地下空间安全事故案例可见一斑。

四　城市地下空间交通安全

地下空间交通主要包括地铁、地下隧道、地下交通环廊等形式。安全事故主要有地铁相撞、地铁空间的火灾与中毒，地下隧道或交通环廊的车辆相撞、自燃等。安全风险涉及交通工具、交通环境以及使用交通工具的人员（包括驾驶员和乘客）。

五　城市地下空间经营项目安全

大多数城市地下空间的开发利用，承载了延伸城市商业功能的作用。地下空间的经营项目一般包括：购物（以经营服装、鞋帽为主）、餐饮（中、西餐）、超市（以日常生活用品为主）、健身（以休闲、保健为主）、娱乐（电影院、网吧等）、美容美发等。经营主体多数以承租的方式获得在地下空间的部分经营权，他们大多以追求经济效益为目标，对其经营空间、经营项目的安全管理缺乏主动性，装修材料不符合防火要求、消防通道被货物堵塞、私拉电线等现象时有发生。因此，增加广大租户的安全意识和安全防范措施，保证经营项目的安全，成为促进地下空间安全的重要内容。

六　城市地下空间环境治安风险防范

改革开放以来，特别是最近 20 年来，随着城市化进程的加快，城市人口暴涨，但是与之相适应的教育、医疗、住房、交通等公共设施建设还跟不上人口增长的速度。另外，地下空间成为恐怖袭击的重要场所，恐怖分子通过爆炸、投毒、纵火等方式进行恐怖活动，滥杀无辜群众，以此制造混乱，破坏社会稳定，严重危害城市公共安全，甚至会影响城市的正常运转，波及城市居民的心理安全。

七　城市地下空间人员安全

人是安全的核心要素，以上各种安全事故都会涉及人员安全问题，无论哪种形式的安全事故，保障人员的安全是最核心的内容。城市地下空间系统中的人员具体包括：地下空间的管理人员、服务人员、租赁人员、来到地下空间的消费者以及外来的设施设备维护人员等。这些人员来到地下空间进行活动，一方面会受到地下空间安全事故的波及，另一方面这些人员的不安全行为，也可能会导致地下空间的安全事故，特别是来到地下空间的消费者，因为这部分人群具有不确定性，没法像其他人员一样对其进行安全培训，所以他们的安全行为变得更加重要。

八 城市地下空间的自然灾害防范

城市地下空间受到的自然灾害威胁主要是洪水和地震。城市化进程快速发展，大量人口涌入城市，相对而言城市基础设施的更新跟不上城市发展的速度。每到雨季，暴雨可能会导致城市大量积水不能在短时间内及时排出，可能会涌进地下空间，如地下商场、地下停车场、地下隧道、地铁等有不确定人流活动的场所，如果疏散不及时，可能会导致严重的后果。地震可能会破坏地下空间的结构、基础设施，如地下管网等，从而影响地下空间的正常运行，甚至影响城市居民的正常生活。

九 城市地下空间安全管理及安全文化建设

城市地下空间安全管理和安全文化建设是地下空间安全运营的重要保障，所以城市地下空间安全系统不仅要关注以上各类安全风险，更要关注地下空间的安全管理水平和对来到地下空间的各类人群的安全教育和安全培训，提高人员的安全文化意识和安全应急能力。从全社会大安全观的视角，提高城市居民的安全文化素质，提升地下空间安全管理的水平，从主观到客观两个方面减少地下空间安全事故的发生。

第二节 城市地下空间安全系统与系统论

城市地下空间安全系统是城市安全系统的子系统，城市地下空间系统安全受到城市安全系统的影响，反过来，城市地下空间的安全事故也会影响城市安全系统的安全运行。城市地下空间安全受到多种因素的影响，从系统论的视角审视城市地下空间安全，构建城市地下空间安全系统是保障城市地下空间安全的第一步。

一　系统的定义

系统（system）一词来源于古希腊文（systεmα），意为由部分组成的整体。在美国的《韦氏大辞典》(1828 年出版并经多次修订）中，“系统”一词意指“形成关联组织结构的或实现密切关联组织化的整体；密切关联的整体所涵盖的各种实体和表现具象的综合；是由遵循特定目标和规则，表现为相互作用、相互依存的关联形式的诸要素组成的集合体等”。在日本制定的 JIS 工业标准（1967 年）中，“系统”被定义为“由多个组成要素在保持有机秩序基础上，为了实现同一目的或行动而形成的事物”。苏联出版的《哲学百科全书》(1967 年）将“系统”一词定义为“相互关联、相互作用的要素所构成的特定整体”。苏联出版的《苏联大百科全书》（1974 年）第三卷，把“系统”一词表述为“由相互联系、彼此作用，构成特定整体或者统一体的因素所形成的集合”。德国《哲学和自然科学词典》(1978 年）将“系统”一词界定为“按特定排列顺序组织的物质或者精神的整体”。我国 1986 年出版的《汉语词典》则把系统定义为“能够自成体系的组织，是同类事物遵循一定秩序安排和内部联系组合的整体”。1987 年出版的《中国大百科全书》对系统一词的解释为：“系统（System）是由相互制约、相互作用的若干部分组成，能够产生某种特定功能的有机整体。”

一般系统论的创始人冯・贝塔朗菲把“系统”定义为“相互联系相互作用的诸要素的综合体”。我国著名科学家、系统科学的创始人钱学森对系统一词进行如下定义：“系统是对极其复杂的研究对象特征的概括，所谓系统即是由相互作用、相互依赖的若干构成部分结合而成的能够产生特定功能的有机整体，而该系统本身又常常作为一个组成部分，进而从属于一个更大系统”。美国著名系统论学者克朗（Robert M. Krone）认为，“系统是由相互密切关联的多个要素组合而成的复杂集合体”。苏联哲学家列·尼·苏沃洛夫则认为系统“是由某种整体所体现的共同性，该整体具有内在规律性，相关规律源于整体内部存在的大量要素之间的密切作用关系之中，系统的要素（来源于拉丁文 elemeutum——与古希腊哲学中原质，也即原始物质实体同义）是系统的第一次构成物，第一次构成物之间相互作用，相互依整形成第二次整体即系统”。他进一步指出：“任一系统都是相对于当前系统更高层次系统的要素，而当前系统的要素同时又与较低层次的系统相对应。各类系统及系统组成要素构成了宇宙的无限链条。”上海交通大学的王浣尘教授则认为，“系统是由相互联系、相互作用着的多个事物组成的总体，概括而言，系统是由若干关联部分组成的有机动态总体”。

综上所述，所谓“系统”，是指由若干个要素组成，要素间相互区别、相互联系、相互作用，具有特定的层次结构与分布形式，在给定环境条件约束下，为实现整体的目标而形成的有机集合体。

根据上述定义，从不同的侧面对系统特征进行如下解释。

（1）从系统与要素的关联看，系统是由各要素（如能量、物质、信息流等要素）组成的整体。

（2）从系统的整体结构看，系统是由相互区别、相互作用、相互依赖的多个基本要素构成的集合形式。

（3）从系统的层级看，对于任何一个系统而言，其本身都可作为更高一级系统的组成要素，同时，该系统的要素又可作为更低一级的系统，也即系统论中的习惯说法“向上递延无止限，系统变小成要素；向下延伸无穷尽，要素扩大变系统”。

（4）从系统形成的特定功能看，对于任何作为一个整体而存在的系统，都具有目的性、动态性和复杂性，其功能表现往往通过系统与所处环境之间的相互作用得以体现。

（5）从系统的边界看，系统与所处环境之间存在边界，系统边界之外与系统有关联的其他部分叫做系统的环境，系统环境与系统之间存在物质、能量交换，从而保证系统的稳定存在。

二　系统的分类

系统是普遍存在的，生活中的系统形形色色，千姿百态。大到外太空，小到基本粒子，从无机界到有机界，从物质层面到精神层面，从宏观到微观，无论是自然科学还是社会科学，系统无处不在。为了研究的便利，要明确各种系统的特点以及系统各要素之间或系统之间的关系，有必要对系统进行分类，如图 3－2 所示。

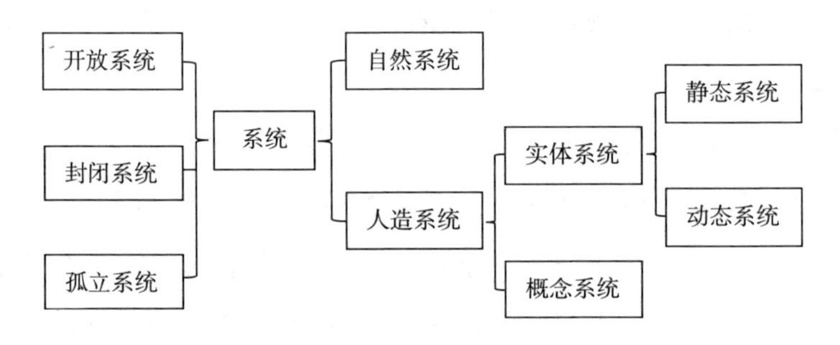

图 3－2　系统的分类

（一）开放系统与封闭系统

按照系统与外界之间的物质、能量、信息的互通交换关系分为开放系统、封闭系统和孤立系统。其中，开放系统意指当前系统与其所处环境之间存在物质、能量、信息等的互通交换关系，如生态系统、经济系统、生产系统、人体系统等。这类系统通过系统内部各子系统的不断调整来适应环境变化，以使其保持相对稳定的状态，并谋求发展。开放系统一般具有自适应和自调节的功能，是具有生命力的系统。

从热力学视角考察，与外界不存在物质交换互通，但存在能量交换互通关系的系统称为封闭系统。从管理学视角考察，所谓封闭系统则是指系统不受其外在环境影响，也不与所处环境发生物质、能量和信息的交换互通，由系统边界将其与所处环境隔开，不管外部环境如何变化，该系统仍呈现出封闭状态，表现为内部的稳定与均衡特征。封闭系统与开放系统在一定条件下可以相互转化。

（二）自然系统与人造系统

按照人类干预对系统形成及存在形式的影响程度，系统又可分为自然系统、人造系统。

自然系统是指由自然过程所形成的系统，也即基于自然物（植物、动物、矿物等）本底所形成的系统，如宇宙与天体等相关的系统、大气与海洋等相关的系统、生物群落与生态等相关系统等，又如生物体内所含有的呼吸、消化、神经、免疫系统等诸多系统。

人造系统是指由人类行为作用，将有关元素（要素等）按照一定秩序、属性类别或相互关系差异而进行组合所形成的系统，也即人类对自然物进行人为加工或干预，所形成的各种工程或人造系统，如人造卫星与通信等系统、海运船只交通与运输系统、机械设备设计与制造系统等，又如表现为更明显的人类行为作用影响下的工业与农业系统、商业与教育系统、医疗与金融系统等。

复合系统则指既包括自然系统又涉及人造系统特征的系统，是由若干不同类型的系统互相交叉、交互和嵌套所组成的复杂系统，如城市系统，水利系统等。

（三）实体系统与概念系统

按照构成系统要素的表现属性分为实体系统与概念系统。实体系统是指系统的组成要素表现出物理状态的存在形式，占有一定空间，如以自然实体状态存在的宇宙天体系统、生物生态系统等，以及在生产部门的机械设备系统、原材料加工系统等。

概念系统则是指由系统目标、假设、定义、准则、机制、方法、原则、制度、程序、计划等非物质实体构成的系统，如管理理论系统、法制理论系统、教育理论系统、文化理论系统等。概念系统又常常被称为软科学系统，并日益受到政界和学术界重视。

从功能上讲，实体系统是概念系统存在的基础，而概念系统是实体系统的升华，往往会对实体系统的高效运作提供指导和服务。现实中上述两类系统常常有机地结合在一起，以实现复合性功能。例如，为实现对某项工程实体系统优化设计与高效运营，需围绕系统目标，依据特定理论与假设开展方案设计，乃至对复杂系统进行数学模型或其他模型仿真，以便抽取系统的关键因素并设计多个方案，最终确定最优或者相对较优方案，付诸实施。在这一过程中，系统目标、假设、仿真和方案分析等都属于概念系统。

（四）动态系统与静态系统

按照系统是否随时间变化可划分为动态系统和静态系统。动态系统是指对象系统的状态变量会随着时间的变化而发生变化，也即系统的状态变量是以时间为自变量的因变量，如水文系统、教育系统、安全系统等。

静态系统则是指对象系统的状态变量不会随着时间的变化而发生变化，或者说处于某一时点下的动态系统即为静态系统，此时系统中的状态变量不随时间而变化，可以认为它是动态系统的一种极限状态，即处于稳定的状态。因此，系统整体上没有活动的结构系统或动态系统中相对静止的结构系统都可以称为静态系统。

由此类推，城市地下空间是城市系统的一个子系统，是一个开放的、动态的、人造的实体系统和概念系统（见图 3－3），而城市地下空间安全系统是城市安全系统的子系统，也是一个开放的、动态的、人造的由实体系统和概念系统所构成的系统。

城市地下空间系统基本构成如图 3－4 所示。

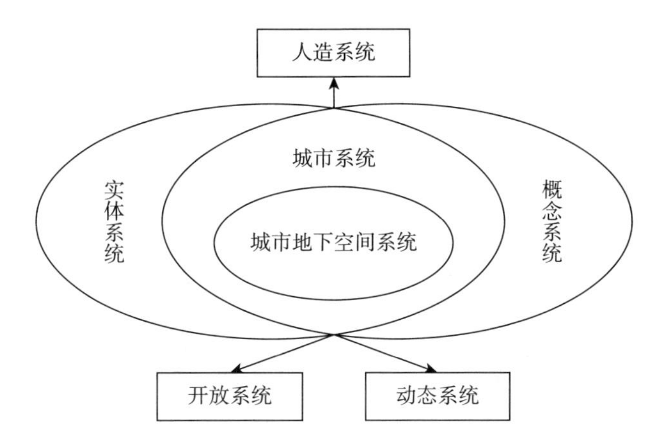

图 3－3　城市地下空间系统与城市系统关系

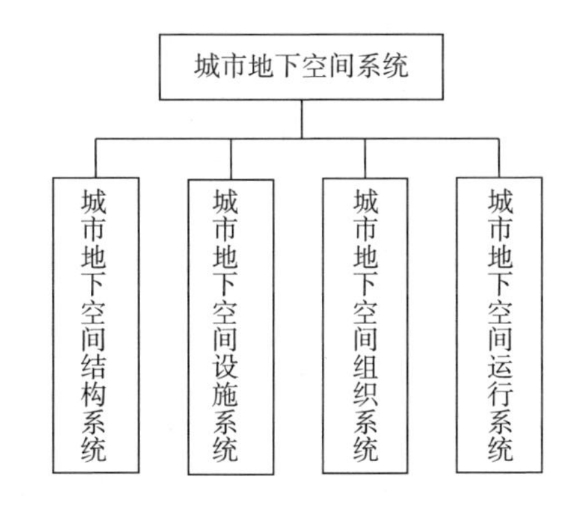

图 3－4　城市地下空间系统基本构成

城市地下空间安全系统是保障地下空间系统有效运行的保障系统，是城市安全系统的子系统，与城市其他安全系统一起作用，保障城市安全运行。其基本构成如图 3－5 所示。

第三节　城市地下空间安全系统的复杂性分析

一　城市地下空间系统的复杂性

复杂性是系统局部与整体之间的非线性关系的表达。由于系统局部与整体之间所存在的非线性关系，人们不能或者极难通过系统

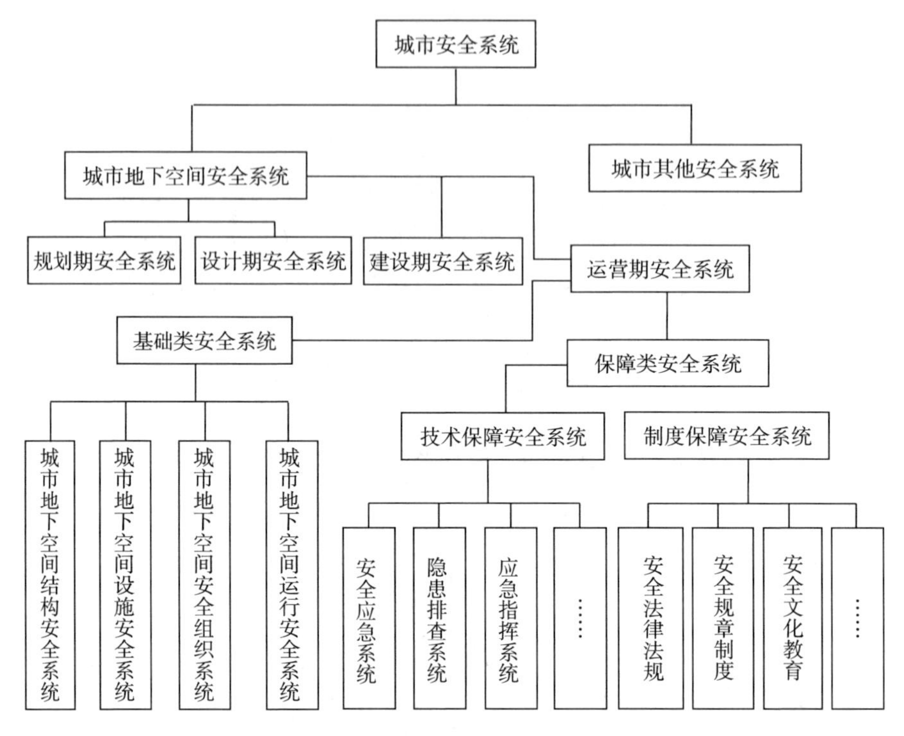

图 3-5 城市地下空间安全系统基本构成

局部分析来认识系统的整体特征。因此，20 世纪 80 年代，学者针对系统复杂性特征展开研究，形成了复杂性科学，并且将其广泛应用于自然科学与社会科学研究的许多领域。现实世界中存在各类复杂系统，如生态系统、大气系统、经济系统、生产系统、通信系统、安全系统以及人体的神经系统、呼吸系统等。城市地下空间系统作为实体系统与概念系统的结合体，其复杂性表现在以下几方面。

（一）城市地下空间系统的结构复杂性

城市地下空间完全或大部分处于地下，一般为地下一层或地下二层结构，有的甚至是地下三层结构。因规模不等，其空间结构与布局也呈现出不同的特点。综合国内外城市地下空间建设的现状，以“点—轴—网”的空间结构和“多核心、多层次、立体化、网络状”的布局形态为主，即以若干个多种类型的点状地下商业网点为核心，以地铁交通线路为轴，连接商业网点和商业街，在空间上呈现出网状结构。具体结构布局主要有线状、定向辐射状、环线放射状、网点组合状四种类型，如图 3－6 所示。[70]

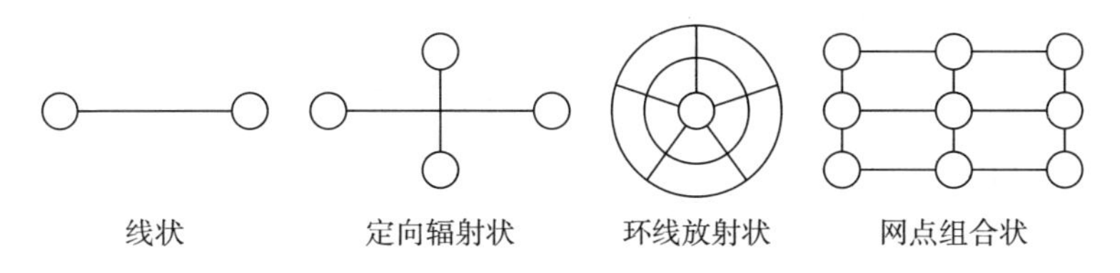

图 3－6　城市地下空间的结构布局类型

上述四种类型的结构形状虽有差异，但均具有复杂性特点，且随着现代商业业态的发展，其内部结构越加呈现出复杂化的趋势，主要表现在两方面。

1. 大型城市地下空间内部的功能结构复杂

城市地下空间主要位于城市的中心或核心地带，与主要交通轨道通道、商业网点、商业街区等相连，形成了一种多功能、多层次的网状结构，特别是大都市繁华地带的大型地下商业空间，均是网点形状的组合，内部结构复杂，空间层次多样，各种内部设施、商业业态分布在不同的空间层次上，同时，城市各类市政工程（如给水、供电、供能、垃圾处理系统等）形成了一种错综复杂的地下网络。一些城市，如北京、上海等地的地下空间开始向地下城的规模发展。

2. 大型城市地下空间的布局复杂

城市系统一般拥有便捷的交通轨道网络，可以实现城市系统内人流、物流、商流的快速交换与交流，在拉动交通轨道沿线区域经济快速发展的同时，也使沿线土地价值迅速增长。因此，城市交通轨道成为城市经济发展中最具推动力和活力的“辐射源”，大大促进了交通轨道两侧商业业态的集聚发展。同样，地下商业空间以城市交通轨道为导向，沿城市主要交通轨道形成了城市地下商业集群。比如北京在开通地铁 13 号线和八通线两三年之后，沿线商铺价格均翻了一番；北京地铁5号线的开通，也同样使沿线住宅项目的开发力度与购买需求迅速提升，并引发了沿线商铺投资热潮；北京地铁6号线规划公示仅过半个月，其沿线房价就涨了近六成。由上述可知，在城市地下轨道交通建设与运营的作用下，各种商业、民用设施会积极向交通轨道线路两侧集聚，特别是以地下交通站点为中心展开商业、住宅、休闲娱乐、办公等布局，有力地促进了土地效益的最大化，便捷了城市各个主要功能区域人员流动与中转，刺激周边土地的高效利用，吸引了住宅、生活、商业、商务、休闲娱乐、文化设施向交通轨道站点集中，形成居住、商业、娱乐、体育等配套设施与服务齐全的城市发展增长极。[71]沿交通轨道形成的城市地下商业空间作为城市发展增长极的重要内容，从市政建设到客流、商贸、信息流通中枢等城市功能发挥，均体现出了复杂性特点，形成一种相互交错、各具功能的布局体系。

（二）城市地下空间系统的功能复杂性

城市地下空间的业态类型多样，典型的是综合性的购物中心、商场、娱乐、健身、餐饮等以及公共服务业态，如地铁、会议中心、博物馆、展览馆、图书馆、市政管网等。一方面业态类型多样，提供服务的主体复杂，主要有商业经营者、雇员、市场管理者以及市政服务管理组织等；另一方面，由于地下商业空间大多位于城市的核心地带及交通枢纽地带，形成人口最为稠密集中、客流量最大、流动性最强的场所，且不同的国别、职业、性别、年龄、爱好、目的、信仰、民族等使客流的结构十分复杂，成为地下商业空间客流最为典型的特点。加之地下空间具有公共服务性质，成为各类人群聚集、流动、交往及流连的场所。业态多样性、人员流动不确定性使得地下空间在延伸城市功能上呈现出复杂性。

（三）城市地下空间系统事故隐患的复杂性

目前城市地下空间除了商业设施外，还有交通、停车设施，是一个地下综合体。由于业态类型繁多，人员结构复杂，事故隐患形式多样、复杂多变。比如，购物中心商业区域发生的货物（特别是储物间、库房）燃烧引起火灾；灯具发热引起装修材料、货物燃烧；电力线路负荷过大发热引起电线燃烧，造成火灾；设备机房电器故障引起火灾；设备机房电器故障引起大面积停电；餐饮区域电热设备、燃气灶具、排烟通道故障以及吸烟行为引起的火灾。地下停车场发生的车辆交通事故、车辆起火燃烧、爆炸事故等。管理者办公区域电器设备、易燃物品（如办公用纸、档案资料等）燃烧引起火灾；保安宿舍电器、易燃物品（如被褥等）燃烧引起火灾；中控室、监控室出现故障引起的灾害等。此外还有由暴雨引起的地下空间进水事故，地震引起的地下空间的坍塌、恐慌、踩踏事故等。当然，人为的破坏，如恐怖活动、犯罪行为等也是城市地下空间安全事故的隐患之一。

城市地下空间事故具有隐患类型多样、危险源分布广泛等特点，均体现了安全管理的复杂性，不仅增加了安全管理的难度，也增加了安全管理的成本。

二　城市地下空间安全系统是复杂系统

上述城市地下空间系统本身具有复杂性，使得其安全系统也具有复杂性。城市地下空间安全系统主要关注自然和人为因素导致的事故灾难给地下空间安全带来的风险。可以说，复杂性是地下空间安全系统的重要特征，并且具有以下特点。

（一）城市地下空间安全系统具有整体性

整体性即“整体大于部分之和”。城市地下空间安全系统是由多个相互关联、相互作用的子系统构成的，这些子系统及其要素按照一定的逻辑要求存在，并以系统整体功能为目标，各子系统都发挥自身的优势，从城市地下空间安全的实体系统到城市地下空间安全的概念系统都协同作用，实现整体功能，使城市地下空间能够安全运行，从而达到整体优势。

（二）城市地下空间安全系统具有层次性

城市地下空间安全系统从时间维度可分为规划期安全系统、设计期安全系统、建设期安全系统和运营期安全系统，这些子系统可能是实体系统，也可能是概念系统，还可能既是实体系统又是概念系统。比如城市地下空间安全运行系统，它既包含结构安全系统、设施安全系统、安全组织系统等实体系统，又包含安全法律法规、安全规章制度、安全运行机制等保障地下空间安全运行的概念系统。城市地下空间安全运行子系统中的每个系统又可分为多个更小的子系统，这些子系统及其要素之间具有层次性，各子系统按照自己的逻辑为达到整体目标而协同运行。

（三）城市地下空间安全系统具有动态性

地下空间安全系统的动态性是和时间相关的，用 S 表示城市地下空间的整体安全，则 $S=f(Q_1, Q_2, \cdots, Q_i, \cdots, Q_n)$，其中 Q_1，Q_2，…，Q_i，…，Q_n 表示其各子系统的安全，地下空间安全系统的动态性与整体性的关系可以用下列微分方程组来表示：

$$\begin{cases} \dfrac{dQ_1}{dt}=f_1(Q_1,Q_2,\cdots,Q_i,\cdots,Q_n) \\ \dfrac{dQ_2}{dt}=f_2(Q_1,Q_2,\cdots,Q_i,\cdots,Q_n) \\ \vdots \qquad\qquad \vdots \qquad\qquad \vdots \\ \dfrac{dQ_i}{dt}=f_i(Q_1,Q_2,\cdots,Q_i,\cdots,Q_n) \\ \vdots \qquad\qquad \vdots \qquad\qquad \vdots \\ \dfrac{dQ_n}{dt}=f_n(Q_1,Q_2,\cdots,Q_i,\cdots,Q_n) \end{cases} \tag{3-1}$$

式（3-1）表明，系统中任何一个子系统的安全都和时间 t 有关，说明系统是随着时间 t 动态变化的。

（四）城市地下空间安全系统具有关联性

城市地下空间安全系统的关联性是指系统的各子系统之间不是独立存在的，而是通过相互作用、共同协作来完成系统整体目标。式（3-1）表明，每一个子系统的安全 Q_i 都是关于其他子系统安全 Q_1，Q_2，…，Q_i，…，Q_n 的函数，都受到了其他子系统的影响和制约；反之，每一个 Q_i 的变化也会引起 Q_1，Q_2，…，Q_i，…，Q_n 的变化，甚至整个方程组的变化。

城市地下空间安全系统的动态性表明系统不是静态的，一成不变的，而是随着时间动态变化的，其关联性表明系统各子系统的内部结构及诸要素之间的相互影响和相互作用。同时式（3-1）还说明城市地下空间安全系统并不是一个封闭系统，而是一个开放系统，该系统不断地与外界环境进行着物质、能量和信息等交换，使得城市地下空间安全系统成为一个"活"的系统。

（五）城市地下空间安全系统具有不确定性

城市地下空间安全系统既受到系统内部各要素的影响，同时也受到系统所处环境中众多因素的作用与影响，因此它是一个受自然、社会、文化、经济、环境等多种因素影响的综合体，这些影响因素具有极强的不可预测性。因此，城市地下空间安全系统可以表述为一个具有非线性结构特征、不确定混沌特性的复杂系统。

（六）城市地下空间安全系统具有自适应性

自适应性是指复杂系统及其创造的元素共同进化。城市地下空间安全系统由于其动态性、关联性和开放性，不断地和外界进行着物质、能量和信息的交换，在一定的时间空间范围，系统和其要素可以自行调节以适应整个系统的需要。因此，城市地下空间安全系统是一个具有学习能力的自适应系统。

综上所述，城市地下空间安全系统是一个具有整体性、层次性、动态性、关联性、不确定性、自适应性的典型复杂系统。

第四节　城市地下空间安全系统与耗散结构论

一　熵理论

熵的概念最早产生于对热力学的研究。1850 年德国数学家克劳修斯（Rudolph Clausius）首次提出热力学第二定律（second law of thermodynamics）：把热量从高温物体传到低温物体不可能不引起变化。英国物理学家开尔文（Lord Kelvins）则于 1851 年指出：不可能从某个单一热源吸收热量，使其进一步完全转化成有用功而并不产生其他的可能影响。克劳修斯和开尔文的表述本质上是相同的，即自然界中所有自发过程具有“方向性”特征，而且所有自发过程具有不可逆过程特征。[72]

可逆过程是指热力学系统在状态变化时经历的一种理想过程。可逆过程是以无限小的变化进行的，整个过程由一连串非常接近平衡态的状态所构成。克劳修斯（Clausius）对于寻找热力学过程及其行进方向进行了大量研究，其研究结果表明：对于热力学可逆过程而言，某个系统状态的改变与其热力学过程路径无关，只与该系统的初始与最终状态有关，表述为定积分公式 $\int_a^b dQ/T$ ，式中积分上限 b 和下限 a 分别代表该系统的结束和开始两个状态。

克劳修斯于《热之唯动说》（1865 年）一文中对自然界热过程发展的时间方向进行定量的描述，最早提出了“熵”（entropy）的概念，并构建了新的物理量描述函数——熵函数，记为 S。克劳修斯在《热之唯动说》一文中进一步指出，对于某一封闭系统，其可逆过程的熵变 dS 与该系统从其所处环境所吸收的热量 dQ 和环境温度 T 之间存在关系 $dS = dQ/T$，从而界定了热力学熵的概念[73,74]。在克劳修斯定义热力学熵之后，奥地利物理学家玻尔兹曼（Ludwig Edward Boltzmann）研究了热力学第二定律的统计规律，将热力学熵和概率联系起来，他认为：一切自发过程，总是从概率小的状态向概率大的状态变化，从有序向无序变化。1877 年玻尔兹曼提出著名的玻尔兹曼公式，即用“熵”来研究系统中分子的无序程度，得到了熵与无序度之间的关系：$S = k \cdot \ln\Omega$，其中 $k = 1.38 \times 10^{-23}\ J/K$，称为玻尔兹曼常数，$\Omega$ 表示系统的无序度，代表系统所处宏观状态所包含的微观数目。公式表明，在等概率原理的前提下，某一个客观状态对应微观态数目表示该宏观态出现的热力学概率[75,76]。

之后美国数学家克劳德·艾尔伍德·香农（Claude Elwood Shannon）又将“熵”的概念引入信息论的研究，提出了信息熵。随着科学理论的不断发展，熵的概念被应用于物理学、生物学、信息学、环境学、医药学、管理学、安全学等多个自然科学和社会科学的学科研究中。熵的概念层出不穷，但主要可以归纳为以下三种类型（见表 3-1）。

表 3-1　熵的基本概念

学科	熵公式	含义
热力学	$dx = dQ/T$	熵的变化等于单位热力学温度的吸热量
统计物理学	$S = k \cdot \ln N$	物质系统的玻尔兹曼熵 S，等于玻氏系数 k 与状态个数 N 之对数的积
信息论	$H = -C\sum_{i=1}^{n} P_i \lg P_i$	某项实验的第 $i \in [1, n]$ 种状态出现的概率为 P_i（C 为待定常数），它所提供的信息熵为 H

2006年，国内学者蔡天富、张景林等在对熵概念研究的基础上，提出了安全熵，认为安全熵可以用来衡量安全因素自身状态混乱度，并定义其为[77]：

$$S(x_i)=k\log\frac{1}{P(x_i)}=-k\log P(x_i),\quad i=1,2,\cdots,n. \tag{3-2}$$

其中 k 为待定系数，是为了与其他理论方面相结合而起到桥梁的作用，假设 $k=1$，是不会妨碍研究安全熵进程的。因此，安全熵的表达式简化为：

$$S(x_i)=\log\frac{1}{P(x_i)}=-\log P(x_i),\quad i=1,2,\cdots,n. \tag{3-3}$$

其中 $P(x_i)$ 为安全度，当 $P(x_i)$ 越大时，其对应的安全熵 $S(x_i)$ 就越小，当 $P(x_i)=1$ 时，其对应的安全熵最小，这时 $S(x_i)=0$，该安全因素混乱度为零。当 $P(x_i)$ 取值越小时，与之对应的安全熵 $S(x_i)$ 取值就越大，意味着此时各安全因素混乱程度越大，因而执行相关安全功能的能力就越差。

在对各安全因素的安全熵定义的基础上，按照安全系统理论[78]，建立了人、机、环境三大因素相互作用的系统安全熵，

$$\begin{aligned}S(\text{系统})&=P(\text{环境})S(\text{人}\cap\text{机}\mid\text{环境})+P(\overline{\text{环境}})S(\text{人}\cap\text{机}\mid\overline{\text{环境}})\\&=-P(\text{环境})\log P(\text{人}\mid\text{环境})P(\text{机}\mid\text{环境})-\\&\quad P(\overline{\text{环境}})\log P(\text{人}\mid\overline{\text{环境}})P(\text{机}\mid\overline{\text{环境}})\end{aligned}$$

2007年盛进路、邢繁辉等人将安全熵的概念应用于船舶研究[79]，提出了船舶安全熵，并应用船舶安全熵对船舶安全进行了安全评价。2017年，樊铁山提出了煤矿安全熵的概念，将安全熵应用于煤矿研究。

二 耗散结构论

耗散结构（dissipative structure）意指一个开放系统尽管远离平衡状态，但可以通过不断与外界环境完成物质和能量交换，通过系统内部的非线性动力学作用机理，自动地由时间、空间、功能等无序的状态演化成有序结构状态并维持下去，又称为非平衡有序结构[80]。该理论最早由比利时理论物理学家伊利亚・普里高津（Ilya Prigogine）于1969年国际“理论物理与生物学会议”上发表的论文《结构、耗散和生命》提出，之后被广泛应用于研究物理、化学、生物乃至社会系统。

对于某个特定系统，当其受到外部环境因素的强烈作用时，系统内部各要素的状态参量或系统外部的约束条件 λ 会发生改变，从而引起该系统的各组成要素的质量分数 $\{\rho_i\}$（内部结构）改变，使得系统会偏离原来的平衡态，进而过渡到近平衡态，此状态称为稳定的热力学分支；当 λ 超过某特定临界值 λ_c 而位于非线性区间时，则被称为不稳定的热力学分支；此时该系统有可能会由于微小的外在或者内在扰动，离开此不稳定状态，进入新的稳定状态，称为有序的耗散结构分支[81,82]，如图3-7所示。

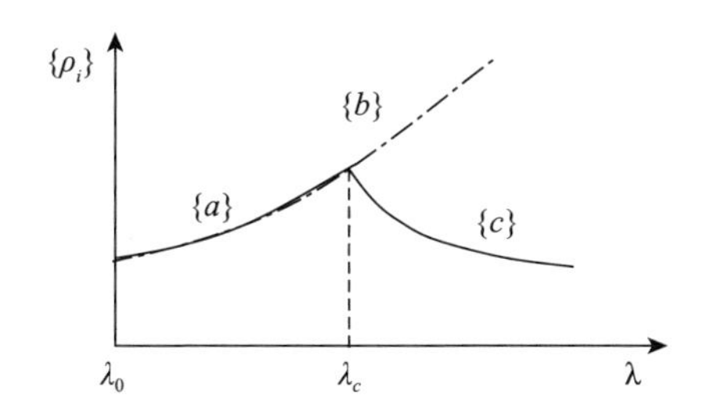

图3-7 热力学分支失稳与耗散结构分支形成

说明：图中 $\{a\}$ 指代稳定热力学分支；$\{b\}$ 指代不稳定热力学分支；$\{c\}$ 指代耗散结构分支。

根据以上论述，对于一般的开放系统，可以用下列微分方程表示系统演变的过程：

$$\begin{cases} dx_1/dt = f(A, x_1, \cdots, x_n) \\ dx_2/dt = f(A, x_1, \cdots, x_n) \\ \quad \vdots \qquad\qquad \vdots \qquad\qquad \vdots \\ dx_n/dt = f(A, x_1, \cdots, x_n) \end{cases} \tag{3-4}$$

公式（3－4）中，x_1，…，x_n 是状态变量（又称为序参量），用于指代开放系统的当前状态，也即开放系统的有序度；A 为控制变量，是外界环境控制开放系统变化程度的变量。控制变量 A 在开放系统变化过程中保持不变，但是一旦控制变量 A 发生改变则会影响开放系统的演变进程，并从根本上改变开放系统状态变量的最终取值。当式（3－4）存在非零稳定解时，意指开放系统处于耗散结构分支上。

当公式（3－4）存在稳定的非零解时，系统状态表现为稳定的耗散结构分支，控制系统变化程度的变量 A 在此过程中保持稳定；当控制变量 A 发生较大变化时，意味着序参量（系统状态）必然发生显著变化，由此可知，控制变量 A 是影响系统演变过程的决定性因素[83]。

若序参量方程是非线性的，即 f（x，A）是 x 的非线性函数，则有如下公式：

$$dx/dt = f(x, A) = (A - A_c)x - x^3 \tag{3-5}$$

式（3－5）是 x 的非线性函数，其定态方程解为：$x = 0$ 和 $x = \pm\sqrt{A - A_c}$。

当式中 $A < A_c$ 时，所得解 $x = \pm\sqrt{A - A_c}$ 为虚数，由于状态变量是物理量，不能取虚数，因此只有 $x = 0$ 才是其定态解，此时系统的热力学分支是稳定的，也即系统是稳定的。

当式中 $A > A_c$ 时，所得解 $x = \pm\sqrt{A - A_c}$ 为实数，由于状态变量存在物理意义，此时虽然存在 $x = 0$ 解，但是不能使系统继续保持稳定状态，式（3－5）中非线性项 $-x^3$ 的存在，使得状态变量被限制在一个有限且非零的值上，且当时间取值无穷大时，系统属于稳定的耗散结构分支，式中的非线性项 $-x^3$ 发挥了重要作用，可导致热力学分支失去稳定状态，使得序参量并未出现无穷发散，而是使之收敛到序参量取值非零的耗散结构分支上。系统演变过程可表示为多级分叉图，如图 3－8 所示，其中横坐标为控制变量 A，纵坐标为序参量 x，A_c 为分叉点，虚线表示不稳定分支，实线表示稳定分支。

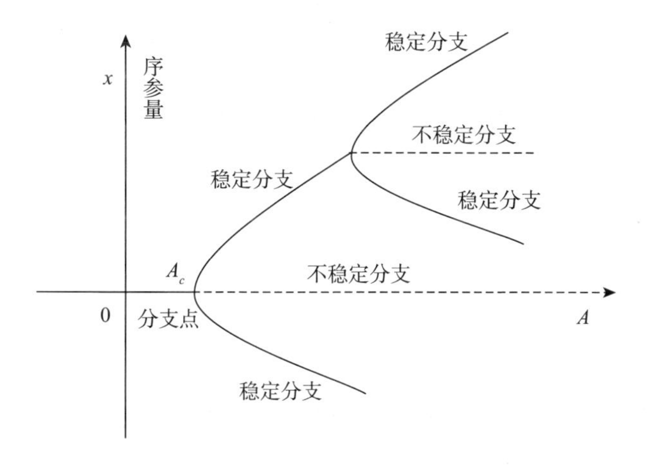

图 3－8　系统多级分叉序列示意

当一个开放系统远离平衡状态时，其本身在不断和外界环境进行物质和能量交换，其非平衡状态会变得不稳定，并在特定条件下，其演变过程会发生突变，使得系统原来的无序混乱状态转化为新的稳定时空有序结构，但此种结构的形成和维持需要不断地与外界存在的物质和能量交换，即为耗散结构。

三　耗散结构的形成条件

耗散结构形成和维持一般需要具备以下条件。

（一）系统是开放的动力系统

孤立系统和封闭系统不可能产生耗散结构。孤立系统总是趋于平衡和趋于无序，永远不会自发形成稳定的耗散结构。封闭系统在温度充分低时，可能会形成稳定化的有序平衡结构，并且可以在孤立的环境下及平衡条件下维持，但这种平衡是定义在微观分子水平上的有序结构，而不是宏观的时空有序结构。对于开放系统，普里高津将系统中熵的变化分解为下面两项之和[84]，即

$$dS = d_eS + d_iS \tag{3-6}$$

或

$$\frac{dS}{dt} = \frac{d_eS}{dt} + \frac{d_iS}{dt} \tag{3-7}$$

式中 d_eS 意指系统与外界进行物质、能量交换所引起的熵变值，又称为熵流；d_iS 意指因系统内部发生不可逆过程而产生的熵变值，又称为熵产生，且有 $d_iS > 0$。

只要式（3－6）中存在

$$d_eS + d_iS < 0 \tag{3-8}$$

则可使系统熵变 $dS < 0$，此条件意味着系统引入负熵流 d_eS，可使系统熵减少，从而使得系统演化为某种时空有序状态。

（二）系统必须远离平衡态

当某一系统位于平衡态或近平衡态线性区域时，不可能出现从无序到有序的突变过程，也不可能发生由有序走向更高级有序的演化。只有该系统位于远离当前平衡态的某个非线性区域时，才有可能失去其稳定性，从而产生新的时空有序结构，因此，非平衡是时空有序系统产生之源。

（三）系统必须是非线性系统

某一系统内部各组成要素间存在非线性相互作用关系，具体可

分为协同、反馈与负反馈等，是系统产生与形成耗散结构的重要先决条件。[85]如式（3－5）所示，当式中的非线性项不存在时，则该系统变化是线性的，因此系统将无法适应外界施加的影响，也无法产生耗散结构。而对于非线性作用过程，如非线性反馈过程，则会通过适应外在的影响，从而促成系统各因素之间的非线性相互作用与非线性协调，而产生时空有序的系统结构。

（四）系统中存在涨落，涨落导致有序

当某一系统处于稳定状态时，系统具有一定的抗干扰能力，内部或外部因素引起的微小涨落会逐渐衰减掉，使系统总是处于稳定状态。但是系统在远离平衡状态时，微小的涨落不仅不会衰减掉，还有可能在某些非线性作用下进一步放大，促使热力学分支失去稳态而产生突变，形成新的时空有序结构，从而推动整体系统新结构形成或者新功能产生。

四　城市地下空间安全系统的耗散结构特征

按照安全工程理论，安全系统由“人、机、环境、管理”等要素构成，在城市地下空间安全系统中，来到地下空间的“人”具有复杂性，包括地下空间运营安全管理人员、市政设施的维护人员、地下交通环廊的管理者与交通参与者、地下空间各类业态的经营者，更重要的是还有来到地下空间购物、休闲、娱乐等不确定的各类不同人群，这些人员的不安全行为可能会引起地下空间的安全风险。地下空间特别是地下大型综合体，其中“机”的构成也很复杂，包括地铁以及保障地铁运行的各类设施设备，地下空间市政设施，地下交通环廊中的交通工具；保障地下空间安全运行的消防、安防、排风等设施设备等。地下空间的环境复杂，地下空间业态类型众多，交通、购物、休闲等各种业态之间进行转换，接口众多，并且与地

上空间也具有连通性，而地上空间环境也具有复杂性，各类交通工具、交通参与者和居民等参与其中，且都进行着动态变化。地下空间管理也具有复杂性，地下空间事故类型隐患多样，导致了地下空间安全管理具有复杂性。

城市地下空间中的“人、机、环境、管理”等要素相互作用，共同构成地下空间的安全系统，各要素的复杂性使得地下空间安全系统成为一个复杂的动态系统。系统由多个子系统构成，各子系统又由更小的子系统构成，这些子系统及其要素随时间推移不断发生变化，从而引起整个地下空间安全系统结构和功能的改变，呈现出显著的耗散结构特征。[86]

（一）城市地下空间安全系统具有开放性

系统的开放性是由系统内部相互作用和系统与环境的相互作用共同造成的。[87]假设变量 O 是指代系统开放程度的变量，能够以可交换的物质、能量和信息来度量，则有 $O=f(\Delta M, \Delta E, \Delta I)$，其中，$\Delta M$ 表示物质的改变量，ΔE 表示能量的改变量，ΔI 表示信息的改变量，用 O 来度量城市地下空间安全系统与外界进行物质、能量或信息交换量的改变。当 $O=0$，即 $\Delta M=0$，$\Delta E=0$，$\Delta I=0$ 时，该系统为孤立系统，此时系统与外界不存在任何形式的交换，该系统遵从热力学第二定律，系统的总熵将表现出无限递增的趋势，从而系统状态逐渐趋于无序化。若 $0<O<1$，则 $\Delta M\neq0$、$\Delta E\neq0$、$\Delta I\neq0$ 中至少有一个成立，此时系统对外部环境有一定程度的开放性，系统与外界进行着或物质、或能量、或信息、或兼而有之的交换，是系统形成耗散结构的前提条件。若 $O=1$，此时系统完全开放，与外界环境融为一体[88]，系统没有与环境区分的独有属性，不再独立存在。对于城市地下空间安全系统而言，显然该系统与其所处环境不断地进行物质、能量与信息交换，是一个动态开放系统。

（二）城市地下空间安全系统是远离平衡态的系统

城市地下空间安全系统是由多个子系统及多种因素或指标构成的开放系统，从时间维度看，有规划期安全系统、设计期安全系统、建设期安全系统、运营期安全系统，这些子系统之间的发展是不平衡的，存在势差，特别是在运营安全阶段，其子系统众多，各个子系统之间相互作用、相互影响，但由于各自的作用大小不同，容易产生动态的流和力。在开放条件下，地下空间安全系统与外界不断进行物质、能量、信息的交换，不断地从外界吸引负熵流，抵消地下空间安全系统内部的熵增，从而使得系统总熵不断减少，使得地下空间安全系统成为不断远离平衡状态的系统。

（三）城市地下空间安全系统内存在非线性相互作用

城市地下空间安全系统各子系统、系统各因素及其指标之间不是简单的线性关系，而是一种综合作用。在地下空间安全系统演化过程中，有的会增强系统的安全风险，有的会抑制系统的安全风险，有的会受到系统多种因素的作用，形成明显的非线性作用机制，产生地下空间安全系统形成时空有序结构的内在动力。

（四）城市地下空间安全系统具有涨落特性

“涨落”是系统受到内外部因素影响产生的波动，是物质、能量、信息交换产生的变化结果。如地下空间系统中的地铁系统，受到暴雨影响，可能会停止运行，安全系统会产生涨落；又如地下空间中的商业系统，由于人的不安全行为，可能会产生安全事故，安全系统也会产生涨落。对于处于非线性平衡态的地下空间安全系统而言，由于系统内部各子系统及其各因素之间的非线性作用，系统的微小涨落都可能被放大，使地下空间安全系统形成耗散结构。

涨落现象分为两种，即一种是围绕平均值的涨落和另一种属于布朗运动的涨落（随机涨落）。

假设宏观变量是与之相应的微观变量的统计平均值，用 $\bar{x}$ 表示各微观变量 x_i 的平均值，则 $\Delta x = x_i - \bar{x}$，$i = 1, 2, \cdots, n$，表示某一微观变量 x_i 与平均值 $\bar{x}$ 的偏差，围绕平均值的相对涨落用 ζ_i 表示，则

$$\zeta_i = \frac{\overline{(\Delta x_i)^2}}{\bar{x}^2} = \frac{\overline{(x_i - \bar{x})^2}}{\bar{x}^2} = \frac{\overline{(x_i)^2} - \bar{x}^2}{\bar{x}^2} \tag{3-9}$$

偏离平衡态的开放系统通过“涨落”在越过临界点 A_c 后形成耗散结构，耗散结构由突变而涌现，其状态是稳定的。开放是系统发展的基础，非平衡态是系统产生耗散结构的外部条件，非线性是系统产生耗散结构的内在根由和动力机制，涨落是系统跃迁发展的外在体现[89]。开放性、非平衡性、非线性、涨落共同作用于耗散结构系统，耗散结构系统的演化行为如图 3 -9 所示。

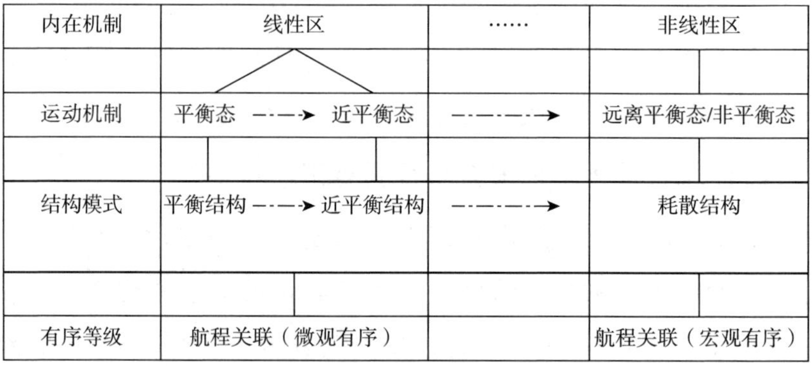

内在机制	线性区	……	非线性区
运动机制	平衡态 -·-→ 近平衡态	-·-·-→	远离平衡态/非平衡态
结构模式	平衡结构 -·-→ 近平衡结构	-·-·-→	耗散结构
有序等级	航程关联（微观有序）		航程关联（宏观有序）

图 3 -9　耗散结构系统演化行为

城市地下空间安全系统属于典型的耗散结构系统。当城市地下空间安全系统与其外界环境不断进行物质、能量以及信息交换时，其负熵流值 d_eS 增加，系统组织有序度同样增加，当负熵流值 d_eS 持续高于其内部熵产生值 d_iS（无序度值）时，新的有序结构会产生，

从而导致城市地下空间安全系统产生“涨落”现象。

第五节　城市地下空间安全系统与协同论

协同论（Synergetics）由德国物理学家哈肯（H. Haken）创立，1971年他提出协同的概念，1976年发表了《协同学导论》，系统地论述了协同理论，此外还著有《高等协同学》。哈肯认为无论是自然系统还是社会系统，一些看起来完全不同的系统却有着深刻的相似性，这种相似性就体现在系统及其子系统之间的协同作用。协同论研究的是事物从原有结构演化为新结构的机理和规律，是系统有序结构形成的内在驱动力。[90]城市地下空间安全系统就是其相关子系统协同作用的结果。

协同论是有关分析系统内部各组成要素间协同作用机制的理论，该理论认为，系统内各组成要素间的协同作用是系统自组织过程实现的基础，系统内各要素之间的作用在外在控制变量（又称序参量）作用下表现为竞争与协同关系，二者的作用是系统形成新结构的根源。[91]协同论由不稳定性原理、序参量原理和支配性原理3个基本原理组成。[92]

一　不稳定性原理

协同论以系统的自组织演化为研究核心，认为系统一直存在于演化与发展过程之中，而系统的不稳定性是系统经历的非常有积极意义的革命性因素。当系统某种陈旧结构或运行模式变得不利于其自身存续与发展的时候，系统演化就产生某种激进、力图变革的内在需求，这种需求会引致外在冲击的作用，并把系统推向失稳点，从而产生系统持续发展的新结构和新模式，此即协同论中不稳定性原理，哈肯称这为“弃旧图新”原理。

设 q 指代系统的状态变量，c 为控制参量（又称为序参量），F 指代随机涨落作用，协同论可用如下非线性微分方程（演化方程）加以表示：

$$q' = N(q,c) + F \tag{3-10}$$

q' 为 q 的一阶导数，N 为 q 的非线性函数。

与耗散结构理论类似，协同论同样首先关注系统如何远离近平衡状态，在何时、何地以及以何种方式产生远离平衡状态并产生有序结构。协同论并不仅仅关注系统的某一次失稳，而是关注系统出现失稳的整体序列，如图 3－10 所示。

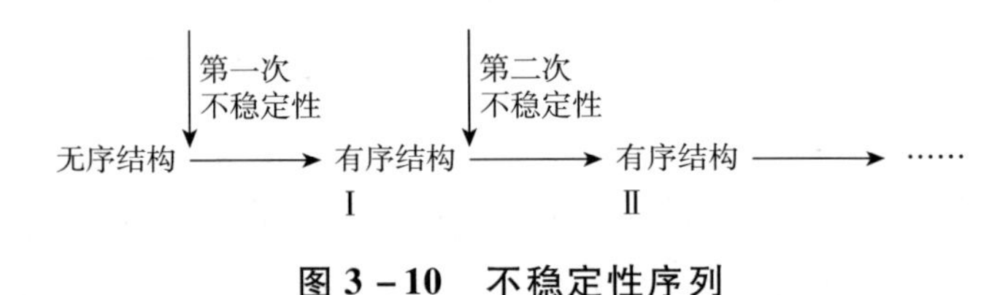

图 3－10　不稳定性序列

一般来说，一个非线性动态系统具有不止一个稳定态，每当出现失稳点，系统就可能发生结构模式的转变，形成一种不稳定序列，即新旧结构反复更替序列。

城市地下空间作为一种新型的城市发展模式，起初更多的是关注其开发利用、其对城市功能的延伸作用以及其对城市功能的改善作用，比如近些年许多城市的地铁建设，更多的是对城市交通的改善；大型地下综合体的建设，是在城市繁华地区由于人口激增，原有的城市服务功能不能满足城市发展的需求而做出的改善，这些改变为城市居民的生活、出行、休闲、娱乐提供了极大的便利；城市建设或城市管理更多地注重其经济效益和社会效益，对于这种新的城市发展模式运行过程中存在的安全问题并未给予足够的重视。城市地下空间安全系统并未完善，对于其运行过程中发生的安全事故的处理主要是应急和善后，地下空间安全系统属于“事后应急型”；

随着城市地下空间不断建设和发展，地下空间运行过程中出现的安全问题逐渐受到城市管理者的重视，对地下空间安全事故的关注从事后应急转变为事前预防，但由于地下空间业态类型众多，对应的管理部门也多，而且部门间相互独立，彼此没有从属关系，在实际运营过程中，地下空间安全系统需要协同多个部门和机构。

二　序参量原理

序参量的概念最早是由苏联著名物理学家朗道提出的，用于描述物质的连续相变的基本参量，反映系统在连续相变前后的对称破缺。序参量为零，其对应系统处于高对称性低有序度的无序相。而在某临界温度以下，序参量描述低对称高有序度的有序相。故序参量从某临界温度 Tc 随温度下降时，其数值会从零变化到非零值。因此，与其他热力学参量类似，序参量也可用来反映指标系统的内在特性。[93]哈肯借用了热力学中序参量的概念，建立了协同学中序参量演化的主方程和自组织理论中导致有序结构的理论框架。哈肯认为，如果某个参量在系统演化过程中能够导致新结构的形成，它就是序参量。序参量是主导系统中协同作用的宏观参量，安全文化是城市地下空间安全系统中的序参量。

反映系统演化过程的参量可划分为快弛豫参量和慢弛豫参量两类。快弛豫参量是指短时间即产生作用，但对系统演化与发展并不能起到明显作用的参量；慢弛豫参量则是指对系统演化会起到决定性作用的一个或少数几个参量，其自身表现为作用的持久性（可自始至终对系统演化起作用）、响应性（可得到系统内部多个子系统的响应）、支配性（可支配系统内子系统行为和系统演化的速度和过程）的序参量。

协同学中确定系统序参量的方法是绝热消去原理，是指当系统处在某阈值，外界影响对系统的作用可以忽略不计时，在系统内部忽略快弛豫参量的影响，用慢弛豫参量表示（或近似表示）所有的快弛豫参量，最终得到仅有慢弛豫参量的方程。通过绝热消去处理后，不仅系统演化方程易于求解，而且从本质上反映了系统内部子系统间的协同作用，体现了序参量对系统整体演化支配的持久性、响应性。

具体而言，对时间 t 取导数（忽略快弛豫参量的影响），得到慢弛豫参量演化方程（又称序参量方程）的过程即为“绝热消去原理”，该原理是协同论中一种强有力的方案处理方法。

设城市地下空间安全系统的某个子系统内有 n 个状态变量 q_1，q_2，…，q_n，令

$$q = \{q_1, q_2, \cdots, q_n\} \tag{3-11}$$

该子系统状态演化方程可用方程组（3-12）表示：

$$\begin{cases} q_1 = -\eta_1 q_1 + f_1\{q_1, q_2, \cdots, q_j, \cdots, q_n\} \\ q_2 = -\eta_2 q_2 + f_2\{q_1, q_2, \cdots, q_j, \cdots, q_n\} \\ \quad\vdots \qquad\quad \vdots \qquad\quad \vdots \\ q_j = -\eta_j q_j + f_j\{q_1, q_2, \cdots, q_j, \cdots, q_n\} \\ \quad\vdots \qquad\quad \vdots \qquad\quad \vdots \\ q_n = -\eta_n q_n + f_n\{q_1, q_2, \cdots, q_j, \cdots, q_n\} \end{cases} \tag{3-12}$$

其中，η_i 为阻尼系数，f_i（q）为 q 的非线性函数。

假设该子系统状态演化中的序参量（慢弛豫参量）c 为 q_j，其余变量（快弛豫参量）均受 q_j 的役使，则方程组（3-12）变为：

$$\begin{cases} q_1 = -\eta_1 q_1 + f_1\{q_1, q_2, \cdots, c, \cdots, q_n\} \\ q_2 = -\eta_2 q_2 + f_2\{q_1, q_2, \cdots, c, \cdots, q_n\} \\ \quad\vdots \qquad\quad \vdots \qquad\quad \vdots \\ c = -\eta_j c + f_j\{q_1, q_2, \cdots, c, \cdots, q_n\} \\ \quad\vdots \qquad\quad \vdots \qquad\quad \vdots \\ q_n = -\eta_n q_n + f_n\{q_1, q_2, \cdots, c, \cdots, q_n\} \end{cases} \tag{3-13}$$

当该子系统趋于非平衡相变的临界点时，根据绝热消去原理，令 $q_1 = q_2 = \cdots = q_{j-1} = q_{j+1} = \cdots = q_n$，方程组（3－13）变为

$$\begin{cases} -\eta_1 q_1 + f_1\{q_1, q_2, \cdots, c, \cdots, q_n\} = 0 \\ -\eta_2 q_2 + f_2\{q_1, q_2, \cdots, c, \cdots, q_n\} = 0 \\ \quad\vdots \qquad\qquad \vdots \qquad\qquad \vdots \\ -\eta_{j-1} c + f_{j-1}\{q_1, q_2, \cdots, c, \cdots, q_n\} = 0 \\ -\eta_j c + F\{q_1, q_2, \cdots, c, \cdots, q_n\} = c \\ -\eta_{j+1} c + f_{j+1}\{q_1, q_2, \cdots, c, \cdots, q_n\} = 0 \\ \quad\vdots \qquad\qquad \vdots \qquad\qquad \vdots \\ -\eta_n q_n + f_n\{q_1, q_2, \cdots, c, \cdots, q_n\} = 0 \end{cases} \tag{3-14}$$

求解方程组（3－14），可得：

$q_1 = h_1(c)$，$q_2 = h_2(c)$，…，$q_{j-1} = h_{j-1}(c)$，$q_{j+1} = h_{j+1}(c)$，…，$q_n = h_n(c)$，将其代入方程组（3－14）中的第 j 个方程，可得该子系统的序参量方程：

$$\begin{aligned} c &= -\eta_j c + f_j\{q_1, q_2, \cdots, c, \cdots, q_n\} \\ &= -\eta_j c + f_j\{h_1(c), h_2(c), \cdots, h_{j-1}(c), c, h_{j+1}(c), \cdots, h_n(c)\} \\ &= -\eta_j c + f_j(c) \end{aligned} \tag{3-15}$$

结合前文介绍的“涨落”现象可知，推动系统形成新有序状态的巨“涨落”后，系统内部大多数子系统会迅速响应，“涨落”的表现可用序参量加以描述。系统“涨落”描述中，快弛豫参量服从慢弛豫参量，慢弛豫参量支配子系统响应及系统整体的演化。序参量原理基于系统内部存在的稳定和不稳定两类因素间的作用特征刻画了系统自组织演化过程。通过规定处于临界点时系统的简化原则（“快速衰减组态被迫跟随缓慢增长的组态”原则），也即提出，当

系统接近临界点时，系统的结构演化和功能突变通常由少数几个关键变量（序参量）决定，此时影响系统演化的其他变量均由这些序参量支配或者规定。而正是由于上述多个序参量间存在竞争与协同作用关系，系统的演化过程与结果才产生了。

三　支配性原理

支配性原理是协同学的一个基本原理，即系统的演变受其内部的一种状态参量——序参量的支配。描述系统的变量可分为两种，慢变量和快变量。序参量是慢变量，它们阻尼很小，随时间变化很慢。当系统达到临界点时它们反而按指数增加，使系统处于不稳定状态，它们支配着系统，把系统引到一个新的状态。而另一些变量随时间的变化很快，阻尼很大，能迅速地按指数衰减达到某种稳定状态，对系统的作用或影响很快消失，这种变量叫快变量，它们只能使系统趋于原来的稳定状态，对系统的变化无重要意义。慢变量支配着快变量，也支配着系统。

城市地下空间安全系统在其演化过程中，受到众多因素的影响，各子系统分工不同，多个子系统之间相互协同作用，在系统中经过多次分化、组合与变革，建立起支配—服从结构，完成从旧结构向新的有序结构转变。

第六节　城市地下空间安全系统与突变论

突变论最早由荷兰植物学家和遗传学家德弗里斯提出，德弗里斯根据自己观察多年有关月见草（Oenthera lamarckiana）实验的结果，于1901年提出生物进化源于骤变的“突变论”。20世纪60年代末，法国数学家R. 托姆为了解释胚胎成胚过程，重新定义和提出突变论，并于1967年发表《形态发生动力学》一文，阐述了突变论的基本思想，R. 托姆1969年发表《生物学中的拓扑模型》，为突变论奠定了基础，1972年发表专著《结构稳定与形态发生》，系统地阐述了突变论。70年代以来，E. C. 塞曼等人提出著名的突变机构，进一步发展了突变论，并把它应用到物理学、生物学、生态学、医学、经济学和社会学等各个方面，产生了很大影响。

托姆证明：当控制参数数量 $r \leqslant 4$ 时，有且只有7种不同性质的基本突变类型，如表3-2所示。当控制参数数量 $r \leqslant 5$ 时，有且只有11种不同性质的基本突变类型，除以上七种外，还有印第安人茅舍型、符号型脐点、第二椭圆型脐点、第二双曲型脐点；当控制参数更大时，不同基本突变的类型也更多。

表3-2 基本突变类型的数学模型（控制参数数量 $r \leqslant 4$ 时）

控制参数数量 r	分叉点（奇点）η	标准势函数（x，y 为状态变量，u，v，w，t 为控制变量）	突变名称
1	x^3	x^3+ux	折叠
2	x^4	x^4+ux^2+vx	尖点
3	x^5	$x^5+ux^3+vx^2+wx$	燕尾型
3	x^3+y^3	$x^3+y^3+uxy+vx+wy$	双曲型脐点
3	x^3-xy^2	$x^3-xy^2+u(x^2+y^2)+vx+wy$	椭圆型脐点
4	x^6	$x^6+tx^4+ux^3+vx^2+wx$	蝴蝶型
4	x^2y+y^4	$x^2y+y^4+ux^2+vy^2+wx+ty$	抛物型脐点

突变论研究自然或社会系统在系统演化过程中连续渐变如何引起系统突变或飞跃，它与系统演化的相交即有序与无序的转化密切联系在一起，揭示出原因连续的作用有可能导致结果的突然变化。[94]事故在城市地下空间安全系统运行中发生，呈现激烈的非线性特征。事故是参量向量在参量空间渐变到达分岔点时系统演化的突变。[95]

设城市地下空间安全系统在运行过程中发生重大事故，用突变论的数学模型刻画城市地下空间安全事故，可以表述为：

（1）确定刻画系统状态的变量为（x_1，x_2，…，x_n），系统的控制变量为（u_1，u_2，…，u_r）。在城市地下空间安全系统中，假设某安全事故由 1 个状态变量 x 和 2 个控制变量 u、v 构成，状态变量满足安全状态—事故临界状态—事故状态的发生规律；控制变量又划分为事故阻力因素变量和事故动力因素变量。

（2）确定支配系统的势函数 P（x_1，x_2，…，x_n，u_1，u_2，…，u_r）。在控制变量为（u_1，u_2，…，u_r）时，系统的平衡态（x_1，x_2，…，x_n）使得势函数 P 取极小值。在城市地下空间安全系统中，该安全事故的势函数可以取尖点突变模型：$P(x, u, v) = x^4 + ux^2 + vx$。

（3）确定系统所有可能出现的平衡态构成的空间 M_P，M_P 是由方程式

$$\begin{cases} \dfrac{\partial P(x_1,x_2,\cdots,x_n,u_1,u_2,\cdots,u_r)}{\partial x_1}=0 \\ \dfrac{\partial P(x_1,x_2,\cdots,x_n,u_1,u_2,\cdots,u_r)}{\partial x_2}=0 \\ \quad\vdots \qquad \vdots \qquad \vdots \\ \dfrac{\partial P(x_1,x_2,\cdots,x_n,u_1,u_2,\cdots,u_r)}{\partial x_n}=0 \end{cases} \tag{3-16}$$

所确定的子流形。

假设在城市地下空间安全系统运行过程中发生安全事故，在上述假定下，令

$$\frac{\partial P(x,u,v)}{\partial x}=0 \tag{3-17}$$

$$4x^3+2ux+v=0 \tag{3-18}$$

由式（3-16）所决定的临界点集称为突变流形。M_P 在（x，u，v）

空间中的图形为一个具有皱褶的光滑曲面。它由上、中、下叶构成（见图3-11），其中上、下叶是稳定的，中叶是不稳定的。无论u、v沿何种途径变化，相点（x，u，v）都只是在上叶（或下叶）平稳地变化，并在其到达该叶的皱褶边缘时产生突跳而越过中叶。

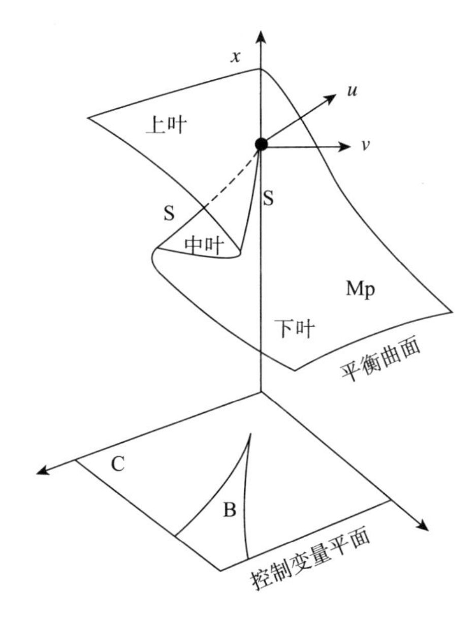

图3-11 尖点突变模型

（4）确定参量空间的分岔点（奇点）。所有在M_P曲面上有竖直切线的点就构成状态x的突变点集（奇异点集），在城市地下空间安全系统运行中发生的安全事故，其突变点集方程为：

$$12x^2+2u=0 \qquad (3-19)$$

突变点集S在控制变量（u，v）平面B上的投影构成分岔点集B，它是所有使得状态变量产生突变的点的集合，其方程由式（3-18）和式（3-19）联立消去x，得到

$$8u^3+27v=0 \qquad (3-20)$$

（5）利用事故的势函数发展规律消除事故发生的条件，预防事

故发生。

通过以上论述可知，只要把控制变量（u，v）限定于尖点区外就可以有效地防止突发事故发生。具体而言，可以从增大防止突发事故的阻力和降低导致突发事故产生的动力两个视角进行。

突变理论在指导城市地下空间安全系统重大突发事故的防范和控制方面均有重大应用价值。

第四章

城市地下空间安全系统运行机制

城市地下空间安全系统是城市安全系统的子系统，受到城市安全系统运行机制的支配，同时城市地下空间安全系统又对城市安全系统的稳定有序运行起到重要支撑保障作用。城市地下空间安全系统本身又由多个子系统构成，系统本身的复杂性、开放性、动态性、耗散结构特性、各子系统之间的协同性、系统在各种内外部因素影响下的突变性等，使得我们很难从单一维度来分析城市地下空间安全系统的安全运行水平。本章研究了城市地下空间安全系统的运行机制，探讨了城市地下空间安全系统安全运行的内在规律和动力机制。

第一节　城市地下空间安全系统有序运行的条件

城市地下空间安全系统从其发展阶段看，可以分为规划期安全系统、设计期安全系统、建设期安全系统和运营期安全系统，我们重点研究运营期安全系统。运营期安全系统又可分为基础类安全系统和保障类安全系统，并且都由多个子系统构成。城市地下空间基础类安全子系统是地下空间稳定有序运行的基本保障，是一个典型开放的、动态的适应系统；城市地下空间保障类安全子系统随着基础类安全子系统的发展变化而发展变化，并且通过技术手段和制度设计消除基础类安全子系统中的事故隐患，从而减少事故发生。其运行方式可由图4－1表示。

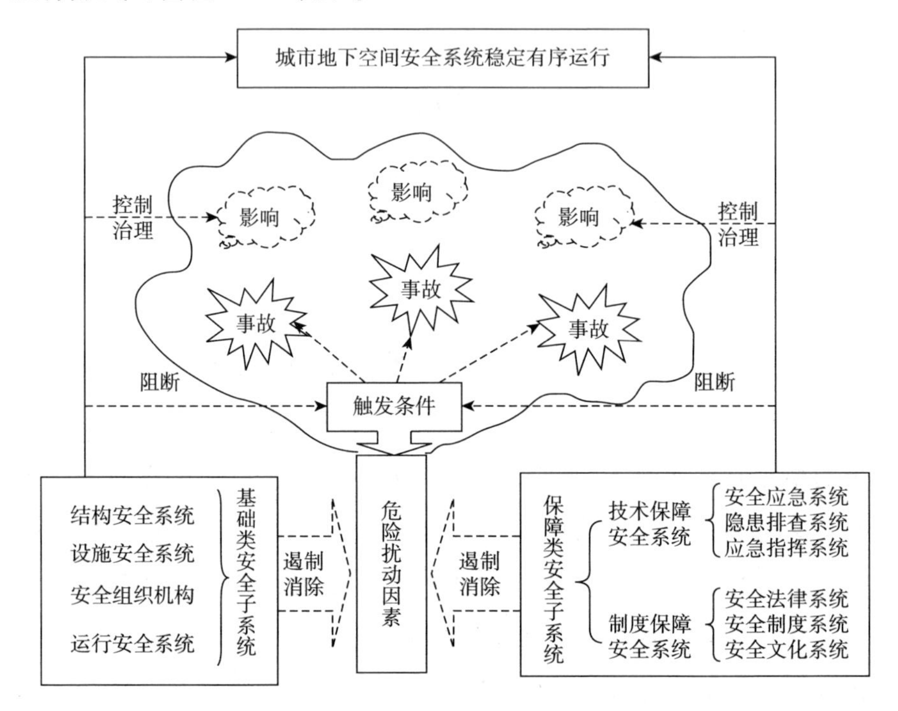

图4－1　城市地下空间安全系统运行机制

减少或杜绝地下空间安全事故，主要是要阻断地下空间安全事故的触发条件，也就是要遏制或消除影响地下空间安全的危险扰动因素，而影响地下空间安全的危险扰动因素众多，包括人的不安全行为、物的不安全状态、环境不良以及管理不完善等，而众多影响因素对地下空间安全的影响都是由于地下空间安全系统“熵”发生变化。

城市地下空间安全系统具有耗散结构特征，在地下空间安全系统运行过程中，系统的“熵”主要由两部分组成：一是基础类安全子系统在运行过程中引起的熵增加［用（+）d_is 表示］，如地下空间运行过程中发生的火灾、水灾、燃气泄漏、爆炸、毒气、交通事故等。二是保障类安全子系统在地下空间运行过程中引起的熵变

[一般是熵减，用（－）$d_e s$ 表示]，如地下空间安全法律系统、地下空间安全制度系统、地下空间安全文化系统、地下空间安全应急系统、地下空间隐患排查系统、地下空间应急指挥系统等，对城市地下空间可能发生的安全事故进行防治，从而消除地下空间安全系统在运行过程中产生的熵增。

城市地下空间安全系统遵循“熵”机制，基础类安全子系统产生熵增，保障类安全子系统引入负熵流，使地下空间安全系统向“低熵”或“负熵”演变，最终形成新的有序结构。其形成机制如图 4－2 所示。

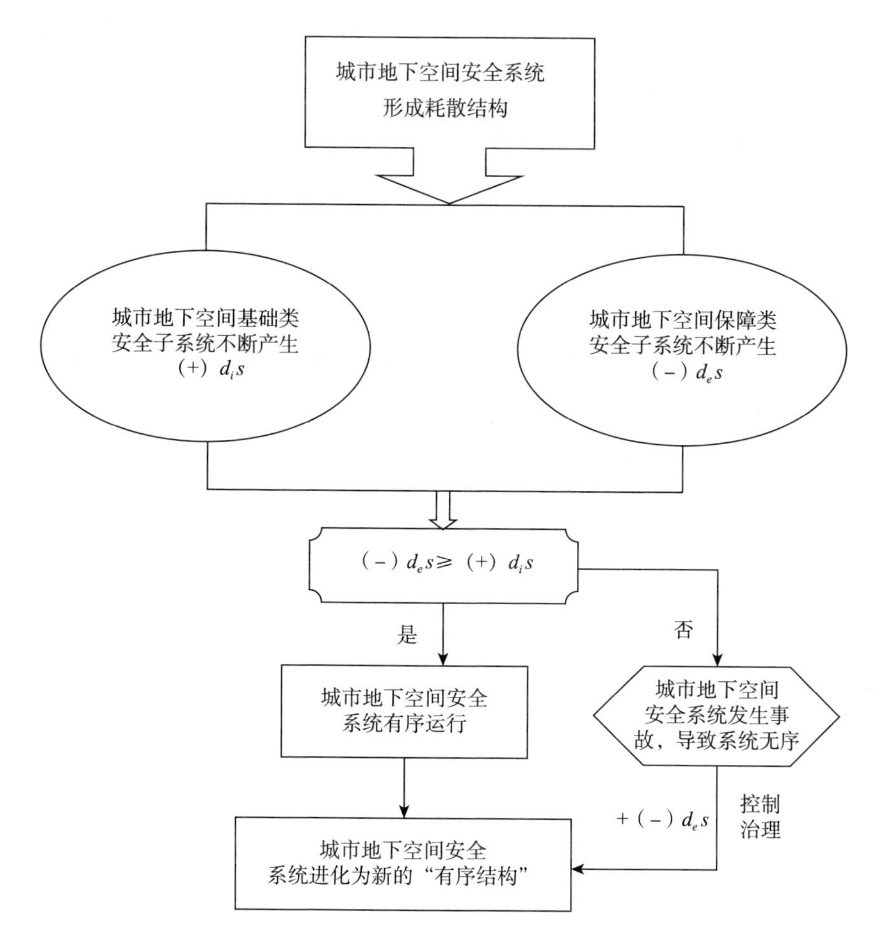

图 4－2　城市地下空间安全系统运行的“熵”机制

由第三章论述可知，城市地下空间安全系统是开放的复杂系统，具有非线性、运力平衡态、涨落等耗散结构特征，系统总熵值 $dS = d_eS + d_iS$，当 $dS = 0$ 时，系统处于安全运行状态；但是城市地下空间安全系统是动态系统，不可能一直保持 $dS = 0$，即 $(-)d_eS = (+)d_iS$，系统内部的“熵增加”$(+)d_iS$ 与系统外部的“熵变”$(-)d_eS$ 一直保持平衡状态。事实上，在城市地下空间安全系统运行过程中，系统结构变化、设施设备故障或者环境恶化等引起系统内的“熵增加”，$(+)d_iS$ 逐渐增大，这时为了保证城市地下空间安全系统的有序运行，保障类安全子系统迅速做出反应，通过控制和治理等安全管理手段防范城市地下空间安全事故发生，或者对已发生的事故采取补救措施，引进负熵流 $(-)d_eS$，使 $(-)d_eS \geqslant (+)d_iS$，即 $dS \leqslant 0$，此时，城市地下空间外部环境与内部各子系统协同发展，地下空间安全系统持续稳定有序运行。

有专家指出：21 世纪是“地下空间”的世纪。城市地下空间作为城市化发展的新模式，延伸了城市原有功能，发展了城市新的业态，是城市活力的新体现。在城市地下空间发展初期，更多的是重视地下空间的开发利用，解决城市化带来的人口激增、环境恶化、交通堵塞等城市问题，对于地下空间的安全运行关注不多，无论是开发层面还是制度层面都是“重开发，轻管理；重效益，轻安全”。城市地下空间从其功能划分，可分为地下交通（地铁、地下交通环廊）、地下停车场、地下商场、地下娱乐、地下图书馆、地下市政设施（燃气、电力、供水、供暖、通信、垃圾处理等）等多种业态类型，有的是单一功能的业态类型，有的是兼顾多种功能的大型综合体。每一种业态类型在其运行过程中都涉及多方面的安全管理。比如地下交通安全系统，主要以地铁为例，从地铁的安全规划、安全建设到安全运营，包含了对参与交通的人员（驾驶员、车站管理员、乘客等）的管理、对交通设施设备（道路、车辆、监控设施、电力设施等）的管理、对地下空间环境（地下空间的空气质量、地下空间的人员密度、地下空间的事故隐患等）的管理，这些都是对地下空间安全系统内部的要素进行管理，保障其各部分的日常安全运行。

地下空间发生安全事故，不仅造成了地下交通安全系统本身的结构破坏、设施设备损坏、人员伤亡等问题，同时还导致与之相关联的地下空间、地面空间受到严重影响，如地下地面道路损坏、交通拥堵、建筑结构损坏，甚至造成市民恐慌，造成股市动荡等。这些安全事故的发生，不仅需要地下空间安全系统自我修复，更需要与之相关的城市地下空间应急管理部门、应急救援机构、应急专家、应急设备保障、应急通信联络、应急媒体报道等多方面的协同合作，尽快恢复地铁交通，并组织善后工作和进一步遏制类似事件发生。

第二节　复杂系统的脆性分析

城市地下空间安全系统在运行过程中具有自我修复的韧性，不可避免地也具有脆性。

一　脆弱性与脆性理论

（一）脆弱性理论

脆弱性分析的哲学思想和应用起源于 1960 年代和 1970 年代对自然灾害的研究[96]，后来逐渐由自然科学领域延伸到社会科学领域。[97,98]“脆弱性”（vulnerability）研究一般被认为始于 20 世纪 70 年代 White[99] 和 O’Keefe 等[100] 的研究。目前，脆弱性理论已经广泛应用于地理学、生态学、灾害学等自然科学领域以及城市管理、区域发展、工程管理等社会科学领域。由于应用领域、研究领域不同，学者对“脆弱性”的界定视角和方式差异很大。自然科学领域学者，如 White[101]、Cutter[102]认为，脆弱性是系统由于灾害等不利影响而遭受损害的程度或可能性，侧重研究单一扰动所产生的多重影响；社会科学领域学者，如 Bogard 等[103]、Adger[104]指出，所谓“脆弱性”，是指某一系统承受不利外在影响的能力，对脆弱性开展研究，需要重点对脆弱性产生的诸多原因展开分析。李鹤等[105]根据侧重点的不同将脆弱性的概念归纳为四类（见表 4－1）。

Blaikie 等最早提出了 PAR 模型[106,107]，指出物理的或生物的灾害只是脆弱性低层次的压力，而更深层次的压力根源于压力的日益积累，当灾害发生时这两种压力会达到顶峰。PAR 模型一方面从物理或生物灾害是如何影响评价研究的角度清晰地体现灾害产生的影响，另一方面从政治生态学的角度分析脆弱性产生的原因，并且把两种研究方向紧密地连接在一起。[108]权利失败理论是进行脆弱性研究的另一重要理论源泉，这一理论形成于 20 世纪 80 年代。[109]Sen 等人曾利用权力失败理论阐述了饥荒产生的原因，并应用制度设计、福利水平、社会层级、性别差异等衡量指标分析饥荒的脆弱性[110,111]，此理论应用的特色在于强调了社会经济因素对脆弱性产生的影响及程度差异。

表 4－1　脆弱性的概念

种类	典型界定	侧重点
脆弱性是暴露于不利影响或遭受损害的可能性	（1）脆弱性是指个体或群体暴露于灾害及其不利影响的可能性[112]；（2）脆弱性是指由于强烈的外部扰动事件和暴露组分的易损性，生命、财产及环境发生损害的可能性[113]	与自然灾害研究中“风险”的概念相似，着重于对灾害产生的潜在影响进行分析
脆弱性是遭受不利影响损害或威胁的程度	（1）脆弱性是系统或系统的一部分在灾害事件发生时所产生的不利响应的程度[114]；（2）脆弱性是指系统子系统、系统组分由于暴露于灾害（扰动或压力）而可能遭受损害的程度[115]	常见于自然灾害和气候变化研究中，强调系统面对不利扰动（灾害事件）的结果

续表

种类	典型界定	侧重点
脆弱性是承受不利影响的能力	(1) 脆弱性是社会个体或社会群体应对灾害事件的能力，这种能力基于他们在自然环境和社会环境中所处的形势[116]；(2) 脆弱性是指社会个体或社会群体预测、处理、抵抗不利影响（气候变化），并从不利影响中恢复的能力[117]	突出了社会、经济、制度、权力等人文因素对脆弱性的影响作用，侧重对脆弱性产生的人文驱动因素进行分析
脆弱性是一个概念的集合	(1) 脆弱性应包含三层含义：①它表明系统、群体或个体存在内在的稳定性；②该系统、群体或个体对外界的干扰和变化（自然的或人为的）比较敏感；③在外来干扰和外部环境变化的胁迫下，该系统、群体或个体易遭受某种程度的损失或损害，并且难以复原[118]；(2) 脆弱性是指暴露单元由于暴露于扰动和压力而容易受到损害的程度以及暴露单元处理、应付、适应这些扰动和压力的能力[119]；(3) 脆弱性是系统暴露于环境和社会变化带来的压力及扰动，并且缺乏适应能力而导致的容易受到损害的一种状态[120]	包含了“风险”“敏感性”“适应性”“恢复力”等一系列相关概念，既考虑了系统内部条件对系统脆弱性的影响，也包含系统与外界环境的相互作用特征

20 世纪 90 年代初，学者们不仅考察了传统上的收入对贫困的影响，还特别强调了发展能力差异所致的贫困，即缺少必要的选择能力和完成基本生计的活动所致的贫困[121]，在此背景下，发展经济学领域出现了两大研究方向，即可持续生计研究和贫困脆弱性研究[122]，二者都强调从个体层面界定和度量风险和福利之间的关系。贫困脆弱性研究在发展援助和扶贫实践中得到了广泛应用，贫困脆弱性本质上是个体生计维持艰难程度及对外界的敏感性。针对贫困脆弱性研究度量方法可划分为 3 种，一是利用个体消费的变动特征来度量，二是使用个体可能消费支出与贫困线之差来度量，三是使用个体生活陷入贫困的可能性（概率）来度量。[123]

2000年以来，脆弱性研究越来越关注耦合系统层面的脆弱性问题，不仅吸收了灾害脆弱性研究中的风险、灾害、暴露、敏感性等相关概念和分析方法，还把权利失败理论和政治生态学研究中强调的社会、经济、制度等人文因素及恢复力机制的研究纳入自己的分析框架中，开始探讨耦合系统脆弱性产生的机制和过程[124~126]，把脆弱性作为系统的一个重要属性正式提出来。[127~129]与以往研究相比，耦合系统脆弱性研究由最初只关注单一扰动所产生的多重影响逐渐扩展到对多重扰动背景下的脆弱性进行分析，开始关注在特定空间尺度上对耦合系统脆弱性要素进行系统分析，探讨脆弱性产生的多因素、多反馈、跨尺度过程[130]，尤其在全球环境变化研究领域，脆弱性研究呈现出综合集成、跨学科的研究趋势。

国内外学者对气候变化、土地利用、公共健康、灾害管理、生态学、经济学、可持续性科学等不同领域的脆弱性展开研究。考察有关脆弱性研究成果可知，一直占据主导地位的成果主要集中于生态[131,132]、气候变化[133,134]、自然灾害[135,136]等自然科学研究领域。当然，近年来由于IPCC、IHDP、IGBP等国际研究计划的推行，脆弱性研究也越来越强调人类在全球变化中的影响以及人类社会在全球变化背景下的被动响应与主动适应问题[137]，深入考察人文系统脆弱性以及人—环境耦合脆弱性的特征与规律正渐渐成为相关研究的新趋势。[138~140]总之，脆弱性研究对象和应用领域均在不断拓展的过程之中，相关研究在理论脉络梳理[141~143]、评价方法设计[144~146]和分析框架构建[147~149]等方面皆取得了较大进展，且突出表现为由定性探讨脆弱性概念及理论方法向实证研究转型。

（二）脆性理论

脆性（brittleness）在字典中被定义为："当某物体受到拉力或冲击作用时，表现出的容易破碎的性质""材料在发生断裂前所表现的，未使人觉察到的塑性变形性质即为脆性”。韦琦等[150,151]进一步将其含义引申为，某特定系统在受到外界的冲击时所表现出来的容易崩溃的性质；进一步明确提出并阐述了脆性作为复杂系统所固有的、隐性的基本特征之一，是复杂系统在形成和壮大过程中，需要不懈努力地从宏观和微观视角进一步认识的特征。因此，对于某系统而言，无论是在系统设计之初，还是在系统发展壮大过程之中，评价分析该系统的脆性都极为必要，可以避免系统遭受不必要的损失。脆性理论认为，系统在受到外界冲击而产生崩溃之前，并不会表现出任何明显征兆。脆性理论就是研究系统在多种内、外部冲击因素作用下，其整体功能产生恶化的程度，展开相关研究使系统避免崩溃，使系统恢复最初的优良设计品质。本研究中脆性理论应用于城市地下空间安全系统风险分析。

二　复杂系统的脆性

（一）复杂系统脆性的定义

韦琦等[152]将复杂系统的脆性界定为：由于复杂系统受到系统内部或者外部环境干扰因素的冲击作用，该系统中的某个部分（或者子系统）产生崩溃状态，而且该系统其他部分（或者子系统）也直接或者间接地遭受相关影响，进而引发崩溃连锁反应，最终导致复杂系统整体崩溃的特性，称为脆性。韦琦等进一步指出，脆性是复杂系统的基本特性之一，并随着复杂系统自身的演化而发生相应的演化。就某个开放的复杂系统而言，当其内部某个要素（或子系统）受到一定程度的内外干扰冲击作用时，会破坏复杂系统子系统原来具有的有序结构与状态，进而使其结构产生一种新的无序状态。如果冲击使得复杂系统原子系统失去所有的正常结构与功能，此时则称该子系统处于崩溃状态。而且，由于该子系统与复杂系统内部其他的子系统存在物质、能量或信息交换，因此该子系统的崩溃会导致其他与其进行物质、能量或信息交换的子系统的有序结构与状态遭到破坏，使这些子系统失去原有正常运行功能而产生崩溃。最后，伴随关键子系统崩溃数量的不断增多和崩溃层次的不断扩大，整个复杂系统崩溃。就一个封闭的复杂系统而言，由于该系统本身并不存在与外界环境的物质、能量或信息的交换，依据耗散理论原理，该系统并非一个自组织系统，进一步由热力学第二定律可知，该系统在自身不断演化过程中，会逐渐趋于无序状态。由于该复杂系统不能得到系统外的物质、能量或信息补充，最终也会产生崩溃。特别当该复杂系统的某个子系统遭到内外冲击时，其系统脆性被激发，致使整个复杂系统产生崩溃。

（二）复杂系统脆性的数学模型

依据韦琦等提出的脆性理论，设某复杂系统子系统主要功能的关键影响状态向量为：$x(t)=\{x_1(t), x_2(t), \cdots, x_n(t)\}$，式中 $x_i(t)$（$i=1, 2, \cdots, n$）指代复杂系统第 i 个子系统的 t 时刻状态向量。当复杂系统正常运行时，集合 $K \subset R^n$，$\forall \| x_i(t) \|_2 \in K$，$1<i<n$，$n \in N$，$\forall t \geqslant 0$ 成立；当复杂系统规模与层次不断增加时，需要引入更多的子系统状态向量来描述该复杂系统。若 $\exists n_0 \in N$，当 $n>n_0$ 时，存在干扰 $r(t)$ 作用于复杂系统，使得其内部某一子系统表现为 $\| x_i(t) \|_2 \notin K$，存在某 t_0 时刻，使得另一个子系统表现为 $\| x_j(t) \|_2 \not\subset K$，$j \neq i$，$1<j<n$，此时复杂系统的脆性被激发。复杂系统脆性被激发时，存在 $t>t_0+T$，式中 T 为延迟的时间。对于复杂系统，内部一般存在影响其重要功能的关键子系统，当该关键子系统崩溃时，整个复杂系统将出现崩溃的情形，即整个复杂系统因为脆性而崩溃。

脆性作为复杂系统本身固有的基本特性之一，将会一直伴随复杂系统而表现出其特征，而且不会因为系统的演化或系统外部环境的变动而消失。为此，可以给出以下定义，如图4-3所示。

脆性源：由于内部或外部干扰，复杂系统中的首先崩溃部分（又称为子系统）称为脆性源。也即说，此子系统崩溃导致复杂系统内部其他部分（子系统）产生崩溃，因此复杂系统首先崩溃部分（子系统）被称为脆性源。

脆性接收者：复杂系统内部因受到首先崩溃部分（子系统）的影响而产生崩溃状态的部分（子系统）被称为脆性接收者。需要指出的是，对复杂系统的脆性被激发而言，脆性源与脆性接收者并不存在唯一性。

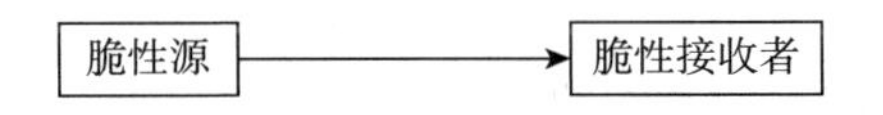

图4-3　脆性源及脆性接收者的关系

另外，就复杂系统脆性表现形式而言，当一个复杂系统受到外来冲击，其有序状态被破坏时，表现形式会多种多样，或者导致系统某种功能（或特性）丧失，或者系统结构发生突变等等。因此，建立普适性很强的、适用于所有复杂系统的脆性模型是非常难的，构建复杂系统脆性模型，只能面向不同的系统崩溃形式展开分析。

下文只对脆性进行基本的描述，并不具体考虑复杂系统整体特征。

定义1　对于特定复杂系统 L_{ss}，若其内部存在子系统 C_{si}，当复杂系统受到系统外在的强烈冲击（除了传统物理上的外力外，也包括物质流、能量、信息等因素）时，复杂系统会丧失其原有的有序结构或状态，我们称之为“崩溃”（Collapse）；由于复杂系统内部各子系统 C_{ss}之间存在耦合作用或联系，某子系统 C_{si}的崩溃会对复杂系统的其他子系统产生影响而使其崩溃，从而导致整个复杂系统崩溃，此时称复杂系统L_{ss}所表现出的特性为“脆性”（Brittleness）；C_{si}被称为“脆性元”（Brittle Agent）。

定义 2 对任意复杂系统内部任意一个子系统C_{si}，其自治方程式为：

$$C_{si}:X_i=f_i(x,t)$$

对于给定的有序指标集J，不同情况J会有不同的取值。考虑某一时刻T，复杂系统内某子系统遭受突然冲击量为φ，使该自治方程产生一定的变化$\varphi[f(x(T))]\in J$，且对于任意的状态变量$x\in U_\delta(x(T))\notin J$x 有冲击结果$\varphi[f(x(T))]\in J$，则称此时的子系统$C_{si}$处于崩溃边界。如果对于任意给定的$\Delta>0$，有$t>T+\Delta$时，子系统$C_{si}$产生崩溃，则称子系统$C_{si}$在冲击算子$\varphi$冲击下产生崩溃。

对于复杂系统的另一个子系统C_{sj}有：

$$C_{sj}:X_j=f_j(x,t)+g_{sj}(x,t)$$

其中令$g_{sj}(x,t)$为关联项，表示子系统C_{sj}与复杂系统内部其他子系统之间的脆性关系。取$\|g_{sj}(x,t)\|_2$表示关联项中的物质、能量或者信息，其取值大小直接体现复杂系统子系统之间所产生脆性作用的强弱。

定义 3 对于给定的某复杂系统L_{ss}，如果某子系统C_{si}在冲击算子φ作用下产生崩溃，同时子系统C_{sj}的关联项$g_{sj}(x,t)$在外在冲击下的二范数有：

$$\lim_{\substack{t\to\infty\\ \|x\|\to\infty}}\|g_{sj}(x,t)\|_2\to 0$$

就上式而言，C_{si}即为脆性元，而C_{sj}则为脆性接收者。

定义 4 对于特定的某复杂系统L_{ss}，如果其内部存在子系统C_{si}，而且子系统C_{sj}存在关联项$g_{sj}(x,t)$，该关联项的二范数

$\| g_{sj}(x, t) \|_2$ 有：

对任意给定的 $\varepsilon>0$，当存在时间 T 和 $\delta>0$，并且可使得 $t>T$ 时，对于任意满足条件 $\| x(t) \| < \delta$ 的 x 有：

$$\| g_{sj}(x,t) \|_2 < \varepsilon$$

则上式中子系统 C_{si} 可称为脆性元，子系统 C_{sj} 则称为脆性接收者。

定义 5 对于整个复杂系统内部任意子系统间都存在冲击算子 φ，则称该复杂系统 L_{ss} 具有脆性 $\dot{X}=f_1(X,t)$

若复杂系统在某一时刻存在冲击算子 φ，使得 $\dot{X}=\varphi[f(X,t)]$ 产生混沌状态，则称该复杂系统 C_1 在 φ 冲击下发生崩溃。

定义 6 若对于复杂系统 C_1、C_2，有 $\dot{X}=f_i(X,t), i=1,2$；且有可逆关联算子 φ，可使得 $f_2(X,t)=\varphi[f_1(X,t)]$

于是，当复杂系统 C_1 在 φ 冲击下发生崩溃时，如果有 $\varphi\cdot\varphi^{-1}[f_1(X,t)]$，则表明子系统 C_1 产生混沌状态，此时子系统 C_2 也会发生崩溃，则称子系统 C_1 为脆性元，而子系统 C_2 为脆性接收者。

对于一个复杂系统，如果其内部任意两个子系统间都可找到冲击算子 φ，则称此复杂系统具有脆性。

（三）复杂系统脆性的特点

韦琦等认为，脆性作为复杂系统的基本属性之一，是复杂系统内在的重要属性，会与复杂系统结构与功能相生相随，因此并不随系统外界环境控制条件变化而消亡。通过前文对脆性定义与模型表达的论述，得到脆性的重要特性。

1. 隐匿性

对于复杂系统而言，其脆性并不会直接表现出来，不能直接被人们所了解和认知。复杂系统脆性只有在遭受足够强的外部冲击作用时才会表现出来。对于复杂系统而言，由于脆性属于其内在属性，因此随时都可能会被激发。随着复杂系统结构与功能的不断演进，其脆性被激发的概率（可能性）也会发生变化，随着系统的进化趋于有序，其脆性也易被激发。

2. 伴随性

当一定强度的外界激发或冲击作用于复杂系统的子系统时，在一定条件之下该子系统会产生崩溃，从而导致其他与之有脆性联系的子系统发生崩溃，此特征称为伴随性。

3. 多样性

对于一个开放的复杂系统，其自身的演化方式与特征复杂多变，因此会导致复杂系统脆性被激发后的表现状态与类型变化多样；同时，复杂系统所处环境条件也复杂多样，从而致使复杂系统脆性激发的方式也变化多样，脆性所致复杂系统损失的结果也有所不同。

4. 危害严重性

复杂系统脆性被激发会使复杂系统产生崩溃状态，该状态使得复杂系统从有序变为无序，使得复杂系统由工作常态变为工作混乱状态。所以，复杂系统脆性在特定的时段内是会产生危害的。具体而言，各种复杂系统分别与人类生存、生活息息相关，与国家安危有重大关联，因此复杂系统一旦崩溃，将会对人类社会、经济、政治产生重大影响，危害极为严重。

5. 非合作性

复杂系统脆性被激发后，表现为熵增。复杂系统各子系统间会因为争夺系统内有限的负熵资源，降低其自身的熵值，从而导致复杂系统内部各子系统产生非合作博弈关系。

6. 连锁性

复杂系统某个子系统在外部冲击下产生崩溃，其他与之关联的子系统会继之产生崩溃，最终致使复杂系统整体崩溃，因此复杂系统脆性具有连锁性特征。

7. 时滞性

由于复杂系统常常是一个开放系统，并具有内在的自组织性，因此当其受到外力的突然冲击时，最初会尽力保持其原有的结构与功能状态，因此复杂系统从遭受外力冲击至系统产生崩溃会有一定延时，即为时滞性。

8. 整体性

复杂系统脆性是复杂系统作为一个整体时才得以体现的属性，因此如果只在某个微观层面上，考虑复杂系统内的某个子系统，则脆性无法体现。

城市地下空间安全系统是一个复杂系统，在其运行过程中具有自我修复的韧性，不可避免地也具有脆性。

第三节 城市地下空间安全系统的脆性机制

关于城市安全问题，国内外学者从工程技术、信息管理、环境科学、社会学等多个领域展开了相关研究，但就研究对象而言，成果主要集中于城市地面（地上）空间部分。有关城市地下空间研究的成果，多数集中于研究人防和消防工程的开发利用、技术设计以及城市地下空间的灾害类型与防范对策等。国外较早展开相关研究，成果较多，学者主要从综合利用视角对城市地下空间开发利用问题展开研究，如 Hanamura 指出，利用好城市地下空间是解决城市地面空间拥挤和环境污染的有效途径。[153] Nishida 等则进一步指出，城市地下空间的开发利用不仅有利于促进“大城市病”问题的解决，还有利于形成环境优美、居民安居的城市环境。[154] Roberts 探讨了城市地下空间开发利用与城市可持续发展目标的相辅相成关系。[155] Bobylev 则以更为宏观的视野阐述了城市地下空间开发利用对于可持续发展目标实现的重要推动作用。[156] 显然，随着我国社会、经济的不断发展进步，城市地下空间开发利用问题也引起国内学者的关注，学者们从地下空间的综合开发利用视角展开相关研究，典型代表如黄东宏[157]、童林旭[158]、吕元[159]、王薇[160]，王秀英等[161]、周云等[162]、陈倬等[163]、钱七虎等[164]。王秀英等同样指出，开发利用城市地下空间是解决城市病问题的有效途径，陈志龙则从城市主动防灾视角提出了城市地下空间开发利用的理念[165]，钱七虎等对我国地下工程安全风险管理的进展、挑战与对策进行了深入探讨与案例分析，Shan M. 等对地下住宅建筑的利弊及关键风险进行了初步探讨。[166] 但是这些研究尚未从城市地下空间安全系统视角加以论述。城市空间结构与功能的复杂性以及城市防灾的综合性，要求在城市地下空间开发利用过程中，必须树立城市地下空间的安全系统观念。本部分将通过引入脆性的概念，分析城市地下空间安全系统脆性的内涵，总结其可能存在的表现形式，并结合城市地下空间安全系统的现实特征，从强化城市地下空间系统内部结构与功能稳定性和提升城市地下空间系统外部防灾能力综合性两个方面提出城市地下空间安全系统强化对策。

一 城市地下空间安全系统脆性的定义

脆性是复杂系统的基本特征之一，城市地下空间安全系统作为一个复杂系统，与自然环境、社会环境发生着作用、相互影响，必然表现出脆性特征。结合自然科学与社会科学的不同特征，城市地下空间安全系统脆性概念可从两方面进行界定：一方面，伴随城市规模和人口数量的不断扩大，城市系统内部可利用资源必然产生紧张，城市发展环境压力必然增大，从而使得城市地下空间安全系统的内部结构与功能无法更好地满足城市安全需求，即城市地下空间安全系统内部结构与功能会表现出不稳定，即为城市地下空间安全系统结构型脆性；另一方面，伴随着人类活动对城市系统的反馈效应不断强化，城市地下空间安全系统对外部冲击（如灾变等）的敏感度升高、承受能力变小，也即由于外界冲击或胁迫（自然的或人为的）影响城市地下空间安全系统结构与功能受损或产生不良变化，我们称之为城市地下空间安全系统的胁迫型脆性。城市地下空间安全系统脆性的表现形式见表4－2。

现实情景中，城市地下空间安全系统会受到城市系统自身诸多因素的影响，如城市人口数量、城市功能空间布局、城市基础设施建设与分布状况、城市防灾减灾设施与能力建设等，这些因素都有可能导致城市地下空间安全系统结构与功能表现出不稳定。城市等级、功能类型不同，其内部结构和构成要素也会存在不同，因此其地下空间安全系统脆性也会表现出强弱有别。当城市系统受到外来冲击影响时，那些自身较为脆弱的城市地下空间安全系统首先会遭到损害乃至瘫痪或者崩溃。因此，有效控制城市地下空间安全系统脆性的影响因素是提高城市安全性的重要前提条件。

表4－2　城市地下空间安全系统脆性表现形式

脆性类型	表现形式	具体表现
结构型脆性	土地紧张	地下空间不规范发展
	交通拥挤	地下交通人流过多、地下交通设施容量过小、地下停车紧张
	能源短缺	消耗增长、对外依赖性强等
	环境污染	大气、污水、垃圾等污染
	生命线系统不完善	保障能力、安全可靠性不足

续表

脆性类型	表现形式	具体表现
胁迫型脆性	自然灾害	对自然灾害敏感度高、承受弹性小，如火灾、地震、水灾、气象灾害、地质灾害等
	人为灾害	对人为灾害敏感度高、承受弹性小，包括战争、地下交通事故、生命线系统事故、有毒物质泄漏、污染、爆炸、工程事故等

二　城市地下空间安全系统脆性的分类

（一）基于防灾减灾视角的城市地下空间安全系统脆性分类

城市地下空间安全系统作为城市空间的重要子系统，在城市防灾减灾空间体系中起到重要的支撑作用。根据城市地下空间安全系统在城市防灾减灾时期的不同功能，可将其脆性划分为灾害防御空间脆性和灾害应急空间脆性，如表4－3所示[167]。

表4－3　基于防灾减灾视角的城市地下空间安全系统脆性分类

城市地下空间安全系统脆性	灾害防御空间脆性	灾害防护空间脆性	地下综合管廊、地下特殊工作场所等
		生态调节空间脆性	地下交通、地下垃圾及污水处理系统等
	灾害应急空间脆性	避难空间脆性	灾时人员掩蔽工程、平时商业娱乐空间等
		疏散空间脆性	灾时疏散干道、平时交通空间等
		救援空间脆性	灾时人防专业队工程、人防指挥所等
		仓储空间脆性	灾时应急物资储备、平时仓储空间等

（二）基于风险预警视角的城市地下空间安全系统脆性分类

城市地下空间安全系统还在城市防灾减灾空间体系中起到重要的风险预警作用。基于风险预警视角考察城市地下空间安全系统，主要涉及三个要素，即突发事件、城市地下空间安全系统、预警管理，三者共同构成了城市地下空间风险预警管理体系。基于风险预警理论考察城市地下空间安全系统的脆性，如图 4-4 所示。

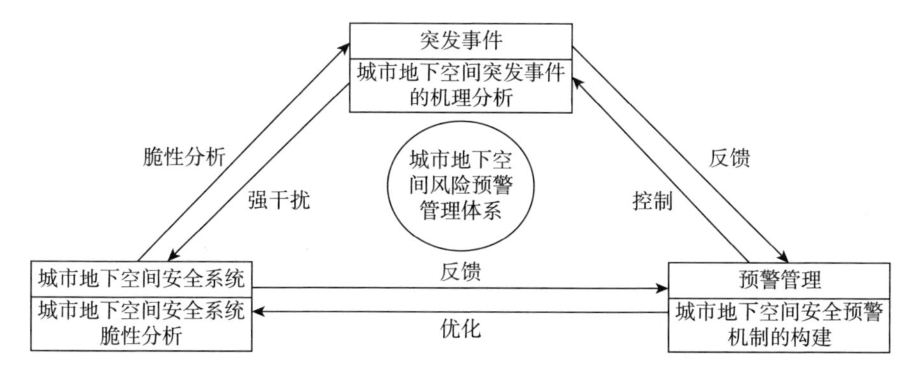

图 4-4　基于风险预警视角的城市地下空间安全系统脆性分析

突发事件会对城市地下空间安全系统形成强烈冲击，而城市地下空间安全系统脆性分析则有助于弄清突发事件的发生机理，突发事件在城市地下空间系统脆性激发中起到导火索的作用，通过考察分析城市地下空间系统突发事件产生与冲击机理，检验城市地下空间安全系统对突发事件冲击的承受程度，同时测度所构建的风险预警机制的合理有效性；城市地下空间安全系统反馈到城市预警管理，促进地下空间风险预警机制构建，预警管理机制则会进一步优化城市地下空间安全系统的设置。突发事件的反馈有助于预警管理机制的构建，预警管理则有助于控制突发事件的发生。突发事件、城市地下空间安全系统、预警管理三者互相影响、互相作用。

根据风险预警时间进程不同，城市地下空间安全系统风险预警管理可划分为城市地下空间安全系统风险（突发事件、灾害等）监测与分析、风险（突发事件、灾害等）预防与控制、风险（突发事件、灾害等）预警决策和减灾救灾应急联动 4 个阶段。与 4 个阶段相对应，城市地下空间安全系统风险预警的时滞可划分为监测时滞、预控时滞、决策时滞和行动时滞 4 个类型。城市地下空间安全系统的风险预警管理应当明确政府在管理中的主导作用，城市地下空间安全系统减灾救灾应急联动机制涉及多部门之间的联动，如应急医疗机构与设施、关联企业和中介机构、非政府组织与志愿团体，应急预案制订及相关执行部门等。

城市地下空间安全系统的脆性可划分为三个等级，即抗损性强、抗损性一般、抗损性弱，又可分为结构脆性和功能脆性。城市地下空间安全系统脆性分析如图 4－5 所示。

其中，城市地下空间安全系统结构脆性分析涉及的因素有：场地稳定、岩土性能、水文地质、开发深度等；城市地下空间安全系统功能脆性分析涉及的因素包括安全需求强度和安全功能价值两方面。城市地下空间安全系统的脆性分析，既有助于明确城市地下空间安全系统的整体和部分抗损能力，又有助于了解城市地下空间安全系统风险预警机制设计的合理性。本研究中，城市地下空间安全系统的外部性控制与治理主要用于克服城市地下空间安全系统的功能脆性。

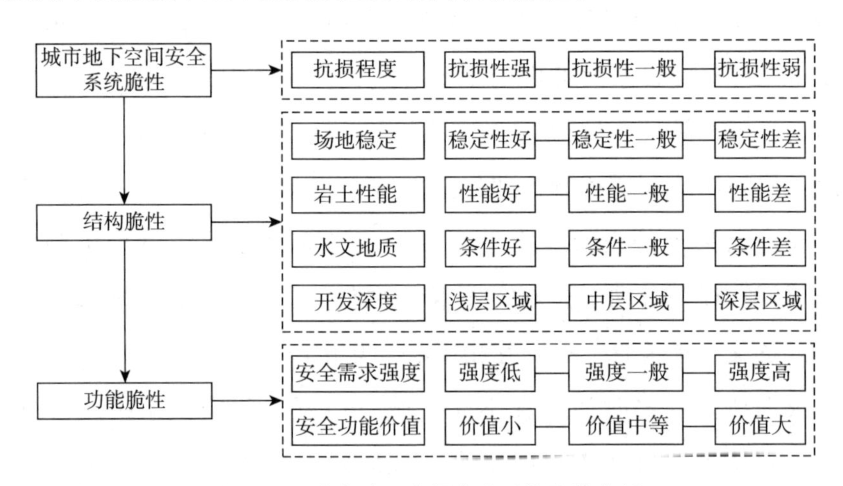

图 4－5　城市地下空间安全系统脆性分析

（三）基于基本构成视角的城市地下空间安全系统脆性分类

基于基本构成视角的城市地下空间安全系统脆性分析涉及以下四个方面：地下空间结构系统脆性、地下空间设施系统脆性、地下空间组织机构脆性、地下空间运行系统脆性，详见图 4－6。

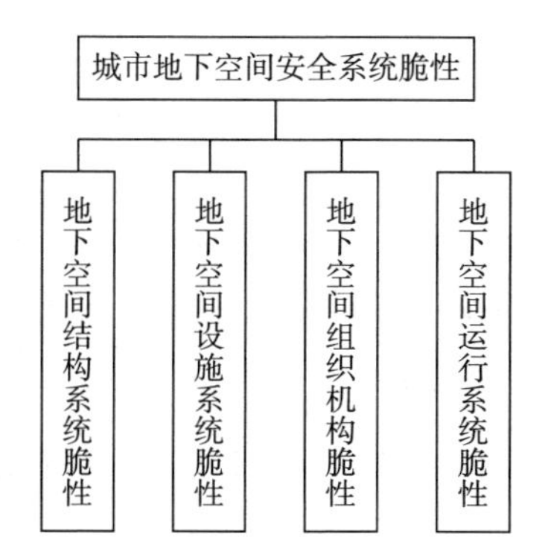

图 4－6　基于基本构成视角的城市地下空间安全系统脆性分类

三　城市地下空间安全系统脆性的特点

城市地下空间安全系统作为复杂性系统，同样具有脆性。依据复杂系统脆性的定义，城市地下空间安全系统脆性特征如下。

（一）隐匿性

城市地下空间安全系统的脆性平时并不为人们所认知，只有在受到足够强度的外部冲击作用时才得以表现和激发。

（二）伴随性与连锁性

当外界干扰作用于城市地下空间安全系统中的一部分（子系统）并使之崩溃时，与之有脆性联系的系统随之崩溃。

（三）作用结果表现形式的多样性

由于城市地下空间安全系统类型、结构、形态以及外界环境的复杂多变，其脆性激发方式、类型也复杂多样，脆性激发所产生的结果也存在诸多变化形式，从而使得城市地下空间安全系统受损结果也有多种表现形式。

（四）作用结果的危害严重性

城市地下空间安全系统的崩溃是从有序到无序，从正常状态到混乱。城市地下空间安全系统一旦崩溃，会给人民安全、社会经济乃至整个城市发展都带来严重灾难后果，危害极为严重。

（五）时滞性

因为城市地下空间安全系统具有对外开放性和内在自组织性，因此当其受到外力的突然冲击时，最初会尽力保持其原有的结构与功能状态，从遭受外力冲击至其产生崩溃之间会有一定延时，即为时滞性。

（六）整合性

城市地下空间安全系统脆性是城市地下空间安全系统作为一个整体才具有的属性。

四 基于脆性分析的城市地下空间安全系统功能强化

（一）做好城市地下空间开发建设与防灾规划

做好城市地下空间开发建设与防灾规划，主要包括：城市地下空间整体综合开发利用和综合防灾规划；城市地下空间区域开发利用和区域防灾规划；城市平战结合公共场所、公用设施等地下空间综合开发利用和防灾规划；城市地下空间生命线工程开发利用规划和防灾规划。

（二）提升城市地下空间结构抗灾性能

提升城市地下空间结构抗灾性能，主要包括：城市地下空间火灾下结构的耐火性能；城市地下空间爆炸灾害下结构的抗爆性能；城市地下空间地震灾害下结构的抗震性能；城市地下空间水灾下结构的防水性能。

（三）建设城市地下空间灾害实时监测监控和预警系统

建设城市地下空间灾害实时监测监控和预警系统，主要包括：

城市地下空间火灾监测监控和预警定位系统；城市地下空间可燃、有毒气体在线监测监控和预警系统；城市地下空间空气质量自动监测监控和预警系统；城市地下空间温度、湿度、电磁场自动监控和预警系统；城市地下空间“防恐怖袭击”监测监控和预警系统。

（四）制订城市地下空间综合救灾预案和应急救灾方案

制订城市地下空间综合救灾预案和应急救灾方案，主要包括：城市地下空间救灾组织指挥体系和救灾应急方案；城市地下空间人员疏散与避难应急方案；城市地下空间医疗救护与卫生防疫应急方案；城市地下空间物资供应与生活保障救灾预案和应急方案。

（五）城市地下空间性能评估和修复加固措施技术

城市地下空间性能评估和修复加固措施技术主要包括：地下空间结构原有建（构）筑物结构性能评估和修复加固措施技术；城市地下空间结构健康诊断评估和修复加固措施技术；城市地下空间结构灾后性能评估和修复加固措施技术。

（六）完善城市地下空间安全系统内部结构与整体功能

要不断完善城市地下空间安全系统节点建设，应充分利用城市中分布广、数量多的地下交通（如地铁站点）、地下停车设施（如地下停车场）、地下商业设施（如地下商场）等，结合城市地上的应急避难场所、应急医疗服务设施、防灾救灾物资储备、应急指挥协调设施的布局特征，实现城市地下空间安全系统内部结构的优化布局，形成高效率的城市地下空间安全系统。在条件许可的情况下，可以考虑充分整合城市地下交通（如地铁、地下快速路等）、人防干道以及地下管廊等线状设施，建设城市地下空间安全系统线状空间。要利用好城市公共设施密集区、商业建筑密集区、交通中转枢纽以及大型社区等地下空间，科学规划建设大型人防工程和地下空间开发利用综合体，形成城市地下空间安全系统面状空间。同时加强各地下空间之间的连通和配套，通过功能整合，形成结构优化、功能完善、应急联动、高效运转的城市地下空间安全系统网络，具体思路如图 4－7 所示。

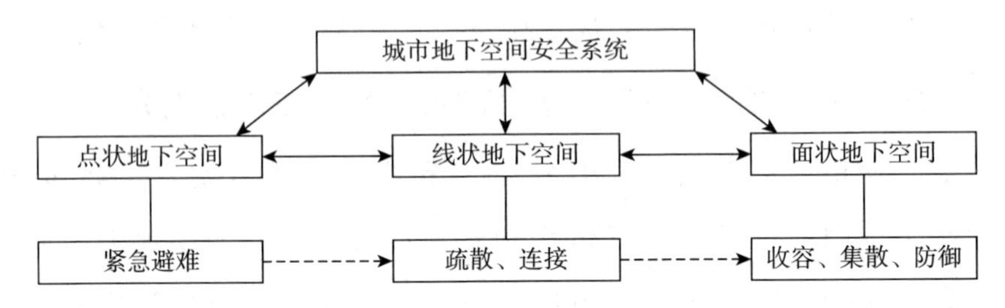

图 4－7　城市地下空间安全系统内部结构与功能

第五章

城市地下空间安全及其外部性

城市地下空间的安全问题除了会对经营企业造成影响，还可能会影响和地下空间无关的第三方，即地下空间安全问题会产生负外部性。为了避免安全事故导致的负外部性，本章从地下空间安全外部性的表现及特征入手，分析外部性产生的根源与微观机理。

第一节　城市地下空间的特点及产权界定

一　城市地下空间的特点

我国的城市地下空间最早起源于人防工程，20 世纪 80 年代以后，随着经济发展和城市建设不断进步，其功能与规模不断扩大。20 世纪 90 年代以后，地下商业街、地下车库和地下变电站开始投入运行，城市地下空间的开发利用进入一个新阶段。进入 21 世纪以后，我国社会经济发展以及城市化进程进一步加快，城市人口数量猛增、土地资源紧缺、交通压力加大、环境污染严重等城市综合症凸显，通过开发利用城市地下空间来缓解城市交通压力、延伸城市功能、减少空气污染，已成为城市化进程的必然。城市地下空间由于承载了以上众多功能，所以具有以下特点。

（一）规模体量大，结构复杂化

“十二五”期间，我国城市地下空间建设规模（面积）年均增速高达20%以上，增长量约占我国地下空间建设总量的60%，城市地下空间竣工面积占同期地上建筑面积的比例由约10%增长到约15%。特别是大城市地下空间开发建设规模增长迅速。城市地下空间开发建设类型表现出多样化、深层化和复杂化的趋势。功能逐渐由最初的人防拓展至交通、商服、市政等多种类型；由早期浅层次开发发展至深层次开发；由小规模单功能向大规模的集商业、休闲、交通、停车等多功能于一体发展。越来越多的集合商业、娱乐、交通等多功能的地下综合体出现，城市地下空间被分割为众多单元，分隔多、通道多、门禁多，内部构造越来越复杂。

（二）地理位置特殊

城市地下空间一般建立在城市的繁华地带，如CBD商业圈或交通枢纽地区，其所对应的地面建筑多为高层商务办公楼或居民小区，人口集中。

（三）人员流动性强

城市地下空间以商业空间和地铁为主，以不确定性人群为活动主体，人员结构、类型多样，不同的国籍、职业、性别、年龄、爱好、目的、信仰、民族等人员构成，成为地下空间流动主体最为典型的特点。

（四）功能承载多

城市地下空间的业态类型多样，典型的是综合性的购物中心、商场、娱乐、健身、餐饮等以及公共服务业态，如地铁、会议中心、博物馆、展览馆、图书馆等。多样的业态类型，造就了城市地下空间购物、休闲、交通、娱乐等多种功能。

（五）主体多样化，管理多头化

城市地下空间涉及标准化、建设、所有权、租赁、物业、管理等多个领域。各类地下设施的管理主体各不相同，如规划、建设部门负责地下工程安全，民防部门负责民防工程安全，交通主管部门负责地下交通、隧道安全，电力、燃气、通信等部门负责地下管线的安全，安监、卫生、工商等部门负责监督地下商场、地下宾馆、娱乐设施等的安全运营，物业公司和建筑物的管理单位负责地下车库的安全管理。

（六）充分利用人防工程

由于历史的原因，我国各大城市都有许多地下人防工程，而目前处于和平年代，建设和谐社会成为主题，大量地下人防工程相对闲置。但随着城镇化推进，地上空间日益减少，城市管理者和开发商都将目光投向地下人防工程。据调查，北京、上海、武汉、长沙等大城市的大量人防工程相继投入使用，多数用作旅馆、商场、娱乐厅等公共活动场所或仓库、生产车间。随着城市建设进程的加快，更多的人防工程开始转向商业开发利用。据有关资料，在“九五”期间，全国人防重点城市年竣工面积是150万平方米，到了“十五”期间，就达到了1200万~1500万平方米，进入“十一五”时期以后，每年竣工在2000万平方米左右。

（七）密切依托轨道交通

城市的发展，人口的增多，对交通提出了更高要求。而大城市地面空间寸土寸金，发展地下轨道交通成为趋势。如今，主要大都市地下交通已形成网络结构，完善的交通体系，带旺了沿途的地下商业，为开发商提供了巨大的商业机会。比如，目前广州已经完成开发的地下商业，大部分是沿地铁线路分布的，主要包括康王路板块、英雄广场板块、人民公园板块、站前路板块等。北京沿地铁1

号线、2号线，同样形成了西单、王府井、东单及建国门商业和贸易区，进而形成区域内极具竞争力的城市CBD。上海轨道交通的迅猛发展，直接解决了商业开发选址所需考虑的客流量问题，依托轨道交通的地下空间成为商业开发的补充形态。

（八）形成了大型地下商业空间

城市商业的发展不仅带动了城市物流、客流和信息流的发展，而且在城市中心区、中央商务区逐渐形成了具有一定城市经济形态特色的商业群。为充分利用城市的中心区位功能，发挥城市的带动作用，城市商业在地上空间不能满足其发展需要的情况下，开始向城市地下要空间，以寻求与地上空间完美的结合，因而开发地下空间成为各主要投资商竞争的目标。于是，集购物、娱乐、商贸、餐饮、健身、旅游于一体的综合性大型地下商业中心成为大都市中心区商业发展的典型特点，既满足了人们的购物需求，又不增加地面土地成本和地面设施，成为开发商新的投资方向。比如北京中关村地下商业城、上海徐家汇和五角场大型综合地下商业群，就成为各大商家纷纷落户投资的重点。

二　城市地下空间的产权界定

城市地下空间已经被广泛开发和利用，基本涵盖了城市的大多数功能。城市地下空间不再是城市表面建设的简单附属物，而是具有独立使用价值的实体。与此同时，地下建筑产权纠纷日益增多。所有这些因素导致明确地下空间所有权成为迫切需求。

在传统的观念里，土地所有权的“标的物”是土地，土地是以地表为中心，上至天空，下至地表以下，是不可分割的。然而，随着地下空间权的出现，一个独立的空间出现在地下，成为一种物权。这似乎与传统的土地所有权相冲突。事实上，地下空间权仍然适用于“一物一权”，但其中的“物”应指在交易中被认为是具体和独立的客体，而“权利”在我国可以理解为在一定范围内的使用权。地下空间权的法律制度方面，我国在国家层面已经取得很大进步。早期，我国并未明确关注地下空间权问题，颁布的《土地管理法》和《矿产资源法》等，均未对地下空间权做出明确规定；《确定土地所有权和使用权的若干规定》（原国家土地管理局，1995 年）也只是对特殊地下空间（如管线敷设等）提出相关界定；《城市地下空间开发利用管理规定》（建设部，1997 年）也未明确地下空间权的归属，更多强调了地下空间合理规划与开发利用；《物权法》（2007 年 10 月 1 日施行）在草案阶段即有专家提出要对地下空间权加以制度规定，但由于当时各界对地下空间权作为一种独立物权存在极大的认识分歧，因此在物权法最终颁布实施时，并没有对空间权进行专章规定。尽管如此，第三篇“用益物权”的第十二章“建设用地使用权”中的第 136 条还是明确指出：“建设用地使用权可以在土地的地表、地上或者地下分别设立。新设立的建设用地使用权，不得损害已设立的用益物权。”此规定为今后地下空间权的单独设立奠定了良好制度基础。实际上，在我国《物权法》（2007 年）颁布实施之前，我国一些经济强省（市）已经意识到地下空间开发利用的重要性，并且在相关立法上进行了探索，取得了一定的进展。比如《浙江省土地登记办法》（2002 年）已经对地下空间的使用权明确提出规定，此外，深圳市制定的《城市地下空间使用条例》和上海市制定的《上海市地下空间开发利用管理办法》等皆对界定地下空间产权关系、合理开发利用地下空间资源、推动经济发展起到了重要作用。

目前，国家对城市地下空间产权问题尚未有明确规定[168]，仅在 1995 年原国家土地管理局《确定土地所有权和使用权的若干规定》第 54 条中有所涉及：“地面与空中、地面与地下立体交叉使用土地的（楼房除外），土地使用权确定给地面使用者，空中和地下可确定为他项权利。平面交叉使用土地的，可以确定为共有土地使用权；也可以将土地使用权确定给主要用途或优先使用单位，次要和服从使用单位可确定为他项权利。上述两款中的交叉用地，如属合法批准征用、划拨的，可按批准文件确定使用权，其他用地单位确定为他项权利。”该规定实际上只涉及地下空间利用中的某种特殊情形（如地下管线等），不能涵盖地下空间使用的实际情况，且缺乏可操作性，需要加以完善。蔡兵备在《城市地下空间产权问题研究》一文中，提出“要对地下空间的所有权和使用权做出明确界定”并“要通过法律明确地下空间使用权主体以及主体的责任和义务”。高艳娜利用博弈模型对城市地下空间的产权制度进行了分析[169]，认为仅有开发商和业主的博弈无法对产权明确界定，必须加入政府的强制力保护，地下空间的产权才得以界定，政府和各利益相关者都可以从博弈均衡中实现各自的目的。刘春彦等认为，各国对地下空间使用权规定不一，我国应该首先对地下空间使用权进行立法[170]，在《物权法》或《民法典》中明确规定地下空间使用权及其相关内容。陈建祥、王郑等对城市地下空间使用权的估价方法和模型进行了研究[171,172]。本文采用“城市地下空间的所有权归国家所有，使用权可以用不同方式取得”[173]这一观点，并认为企业在取得地下空间的使用权之后，就拥有了地下空间的经营权、管理权、收益权，同时具有维护地下空间安全的责任和义务。

第二节　城市地下空间安全的外部性表现及特征

一　安全外部性

安全外部性问题是指安全主体以外的安全性问题。[174]张长元等认为安全外部性问题是安全科学的盲点，他们对安全的外部性进行了界定，并分析了安全外部性产生的原因，提出了解决的办法。但在张长元的研究中，以企业为安全主体，将安全外部性分为产品外部安全问题和生产外部安全问题两类，而对于像城市地下空间这样的多元管理主体的安全问题没有涉及。

城市地下空间安全这一无形产品，它的生产依附于地下空间从设计、建设到运营的各个阶段。地下空间安全事故的发生有其偶然性，造成安全事故的直接原因主要是设备故障、操作不当、电线短路、暴雨袭击、人多拥挤、煤气泄漏、恐怖袭击等，涉及设计、施工、运营各阶段，如消防设备落后、消防措施不到位、消防通道不畅通、疏散标识缺失、事故隐患监控不到位、安全预防预警措施缺乏、政府管制缺失或不到位等，这些管理措施不得力，更加剧了事故中的人员伤亡和财产损失。

二　城市地下空间安全的外部性表现

城市地下空间安全的外部性，从发生的阶段看可以分为施工阶段的安全外部性和运营阶段的安全外部性。

（一）施工阶段的安全外部性

城市地下空间承担了很多功能，其开发利用涉及许多领域，如地质结构、岩土力学、开挖技术、工程系统管理等各个方面，在其施工阶段，必然会给市民的出行、生活带来不便。施工阶段发生的安全事故主要是爆炸和坍塌，产生环境污染、交通拥堵、居民心理恐慌等外部性。但施工阶段的安全外部性属于建筑企业安全施工的问题，不是本文研究的重点。

（二）运营阶段的安全外部性

城市地下空间在其运营过程中涉及多个设施，如供水、供电、通信、燃气等公共设施；地下交通和停车场；地下购物中心等。这些不同领域的活动都存在一定的安全外部性。

1. 城市地下空间经营的安全正外部性

城市地下空间经营的安全正外部性主要是指其经营管理者在其运营过程中，增大安全投入，加强安全管理所产生的正的安全外部性。安全投入包括：购买安全设备、加大对员工的安全教育和培训、建立安全经营激励机制等；安全管理包括：建立日常安全经营制度、建立日常安全检查制度、建立员工上岗安全档案、设备安全维护、空间内安全隐患的监督管理、安全事故预防预警等。安全投入和安全管理活动可以保证进入地下空间的消费者人身财产安全，同时也促进与其相连的二级地块、地面空间的安全。城市地下空间的长期安全经营可以吸引更多的消费者到地下空间消费，给地下空间的经营者带来更大的经济效益；同时还具有较大的社会效益，如可以吸引更多的商家到此区域进行投资，提高该区域商品的竞争能力，促进本地区的安全等等。

但安全正外部性的存在意味着地下空间经营者的安全成本不能通过市场机制获得补偿，长此以往，地下空间经营者就会降低安全投入的积极性，从而导致其所在区域的安全水平降低。

2. 城市地下空间经营的安全负外部性

城市地下空间经营的安全负外部性主要是指在其经营过程中出现的安全事故（如火灾、大面积停电、大型活动造成的人员踩踏事故等）对空间以外的人、财产（相邻二级地块的经营者或周围居民的财产）或环境造成的损害。

城市地下空间的安全事故除了会对空间内的人员产生人身伤害、财产损害，还会对地面空间的行人造成伤害，也会危及与其相连的二级地块的经营安全，甚至影响消费者的消费信心以及商家对该地区的投资决策等。这些负的安全外部性给消费者、周围居民、周边环境带来了危害，而相关主体却无法承担足够抵偿这种危害的成本。

3. 城市地下空间消费的安全负外部性

城市地下空间的安全性除了与经营者的安全投入、安全管理、安全意识高度相关外，还受到消费者行为的影响。由于城市地下空间的业态类型多样，以综合性的购物中心、商场、娱乐、健身、餐饮等公共服务业态为主，又大多位于城市的核心及交通枢纽地带，因此客流量大、人口流动性强，且客流结构十分复杂。客流的多样性决定了来到地下空间的人员的安全意识水平参差不齐，消费者的不安全行为同样会引起地下空间的安全事故，导致安全的负外部性。

三 城市地下空间安全的负外部性特征

城市地下空间安全的负外部性呈现以下特征。

（一）危害性大

城市地下空间是城市公共空间的有机组成部分，和地面空间相比地下空间具有视野范围小、空间封闭性强、通道有限等不足，人们来到地下后视野狭窄，空间方位感差，一旦发生事故，容易产生恐慌心理，造成拥堵、踩踏等事故，人员无法及时安全疏散，火灾形成的烟雾流动的方向和疏散的方向一致，极易造成人员窒息，产生的危害是地面空间同类事故的3~4倍。1999年12月6日，吉林省长春市夏威夷酒店地下一层的洗浴中心发生火灾，当地消防部门出动11个消防队的43辆消防车、270多名消防队员，用了一个半小时才将火扑灭。火灾造成20人死亡（其中18人窒息死亡）、11人受伤，过火面积437平方米，直接经济损失22.2万元。2008年3月4日8：30左右，北京东单地铁5号线换乘1号线通道内，载着数百名乘客的水平电动扶梯突然发生异常响动，乘客纷纷逃离，导致部分乘客摔倒，恐慌的乘客发生踩踏，造成至少13人受伤。

（二）波及范围广

城市地下公共空间一般建立在城市的繁华地带，如 CBD 商业圈或交通枢纽地区，其所对应的地面建筑多为高层商务办公楼或居民小区，人口集中，发生事故对地面及相连区域的冲击很大，因此造成的损失非常严重。比如 2000 年 12 月 25 日，河南省洛阳市东都地下商厦发生特大火灾事故，火灾发生后，肇事人员和东都商厦在现场的职工和领导既不报警，也不通知地上四层东都娱乐城人员撤离，使娱乐城大量人员丧失逃生机会，造成 309 人中毒窒息死亡，7 人受伤，直接经济损失 275 万元。

（三）影响严重

城市地下公共空间以商业空间和地铁为主，以不确定性人流为活动主体，无法对其进行安全培训。由于其特殊的地理位置和功能，一旦发生事故，除直接威胁地下空间人们的生命安全外，还会造成地下、地面的交通堵塞，影响城市的正常运行。重大事故还会使人们产生恐慌心理，由此造成的直接、间接经济损失巨大。比如 2005 年 7 月 7 日，伦敦地铁正处在早高峰的运营期间，突然，几个地铁站连续发生剧烈爆炸，造成伦敦 13 条地铁全部停运，此次恐怖袭击造成 56 人死亡、近 30 人失踪、700 多人受伤。7 月 21 日，伦敦地铁再次发生 3 起爆炸，3 条线路被关闭，爆炸后美驻英使馆关闭，美国股市大跌。

四　城市地下空间安全负外部性产生的根源

城市地下空间安全的负外部性额外增加了社会成本和相关企业、居民等的私人成本，但产生负外部性的地下空间运营商并不对这种额外成本承担相应的成本支出，原因如下。

（一）产权不明

纵观我国城市地下空间的发展历史，经历了从修筑人防工程、建设轨道交通到开发大型地下综合体的过程，也经历了国家体制从计划经济到市场经济的过程。计划经济时期，地下空间主要是人防工程，所有产权归国家所有，由国家统一规划、管理，产权结构单一，地下空间的功能单一；而改革开放以后，随着市场经济体制改革的深入和城市化进程的加快，城市人口激增，导致各种城市问题越发突出，如人均土地资源减少，交通、住房、商业、教育、卫生等需求量显著增加，城市矛盾日益突出。因此，开发利用城市地下空间成为缓解城市矛盾、加快城市发展的新模式。地下空间的投资开发主体也由原来单一的政府，变为政府、企业、个人等多种投资主体，投资主体的多样性，使得地下空间在经营中的产权主体没有明确的界定。

（二）管理主体众多

城市地下空间承载了多种功能，如商业、交通、餐饮、娱乐、市政设施等，每一种功能都有相应的管理主体，如商业由经营单位管理，交通由交通部门管理，通信设施由电信等部门管理，电力电缆由电力部门管理，燃气设施由燃气部门管理，餐饮由工商、卫生部门管理，垃圾处理由环卫部门管理等等。众多部门同处于一个空间，各司其职，而安全这一空间的整体属性也被层层分解，安全监管职责归属于各自的管理部门。管理主体众多，且相互之间难以协同，是造成安全负外部性的原因之一。

（三）法律法规缺失

城市地下空间是全新的城市发展模式，有关地下空间开发管理的法律法规大多散落在《人民防空法》《土地法》《物权法》等相关法规中，关于城市地下空间的专门法规只有 1997 年 10 月 27 日建设部颁布的《城市地下空间开发利用管理规定》，还没有形成系统、完备的国家层面的地下空间管理法规，安全管理方面只有北京、上海等大都市做出了一些管理规定，同样缺乏更高层次的法律规定。

第三节　城市地下空间安全外部性的微观分析

城市地下空间经营者通过增加安全投入、加强安全管理，增强了运营的安全性，从而促进了地下空间所在区域、地面相关企业以及居民的安全。此时，边际社会效益大于边际私人效益，产生了正的外部性。

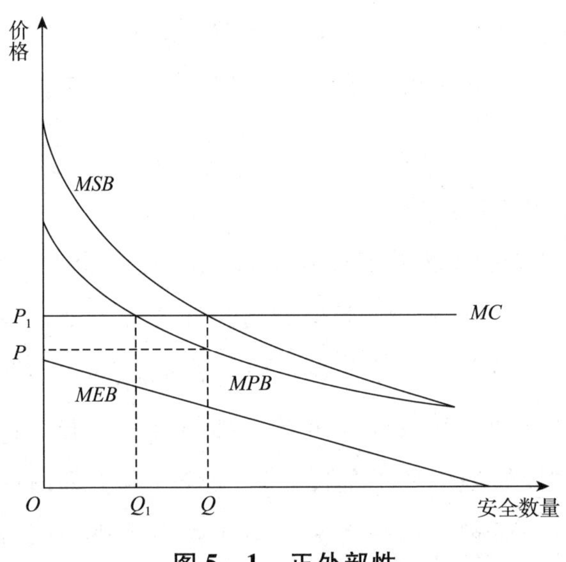

图 5 – 1　正外部性

由图 5 – 1 可知，当城市地下空间增大安全数量时，存在正的外部性。此时，边际社会效益 MSB 大于边际私人效益 MPB，两者的差值就是边际安全效益 MEB。城市地下空间增大安全投入，其投资行为由边际私人效益曲线和边际安全成本曲线 MC 的交点所决定，相应的安全数量为 Q_1，而由边际社会效益曲线 MSB 和边际安全成本曲线MC 的交点所决定的有效安全的数量为 Q，$Q_1 < Q$。当要求安全数量达到 Q 时，就必须降低安全的单位成本，让安全数量 Q_1 时的成本等于有效安全数量 Q 时的成本，即 $P_1 \cdot Q_1 = P \cdot Q$，此时 $P < P_1$。因此，需要通过价格调整对外部经济性进行有效补偿，否则就不能达到资源的有效配置。

城市地下空间在经营过程中可能会由于安全投入不足或管理不善，事故隐患未能及时处理而产生安全事故，如燃气泄漏、爆炸、火灾等，这些事故一旦发生，不仅使地下空间内的消费者受到人身和财产损害，还会殃及地面行人或居民，也会波及地面空间及相连区域的经营安全。当城市地下空间发生安全事故时，安全的负外部性就产生了。此时，边际社会效益小于边际私人效益。

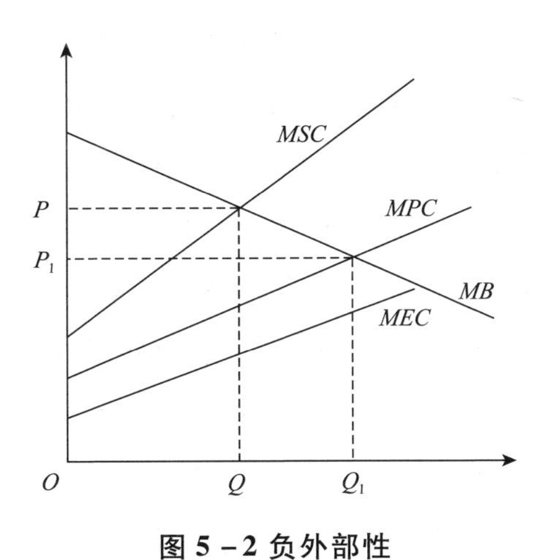

图 5－2 负外部性

从图 5－2 可知，当存在安全负外部性时，边际社会成本 MSC 大于边际私人成本 MPC，二者之差就是边际安全成本 MEC。对于追求利益最大化的城市地下空间安全管理者而言，其安全事故水平由安全边际效益曲线 MB 和安全边际私人成本曲线 MPC 的交点 Q_1 所确定。此时，地下空间安全事故水平 Q_1 大于由安全边际效益曲线 MB 和安全边际社会成本曲线 MSC 的交点所对应的有效安全水平 Q。

如果政府部门通过管制要求企业降低安全事故，将安全事故水平控制在 Q ，企业就必须提高安全成本，使地下空间安全事故水平 Q_1 时的效益等于有效安全水平 Q 时的效益，即 $P_1 \cdot Q_1 = P \cdot Q$ ，此时价格 $P > P_1$ 。由于存在负的外部性，资源难以达到有效配置，必须通过调整价格来纠正负外部性。

以上讨论针对的是安全事故可控的情况，即通过管理手段可以降低事故的发生率，或对危险源实行实时监控，对事故隐患做到及时预防预警，控制事故的发生或将事故的影响程度降到最低。

然而，事故具有突发性的特点，从系统的角度看，即事故具有突变的特性。一旦发生重特大安全事故，其安全的社会成本除了事故导致的直接损失以及救援的人力、物力、财力等直接成本，还有对居民、消费者等造成的恐慌、焦虑等心理成本，还有安全事故导致的社会影响，如股市下跌等，以及对地下空间所处地区的投资减少等引致的成本。这时，产生的安全边际社会成本远远大于安全边际私人成本，而其安全边际社会收益却降至最低，甚至为负。

城市地下空间安全的外部性属于公共外部性[175]，即具有公共物品的某些特征。比如重大安全事故产生的外部性，对周围企业和居民的影响，并不会因为某一居民承担了部分外部性而减少其他居民所承担的外部性。同时，城市地下空间安全外部性也是与帕累托相关的外部性[176]，即外部性的承受者可以通过适当的方法来克服外部性，从而使自己的状况变好，而又不使外部性实施者的情况变得更差。安全外部性的存在，影响了资源的配置效率。因此，要保证城市地下空间的安全运营，促进安全的正外部性，减少负外部性，必须通过有效的措施对外部性加以治理。

第六章

城市地下空间安全外部性控制与治理机制

城市地下空间的安全问题会产生巨大的外部性，并且具有危害性大、波及范围广、影响严重等特征。所以要对城市地下空间的安全事故导致的安全外部性进行及时的控制与治理。

第一节　前馈控制与反馈控制

前馈控制就是事先分析和评估即将输入系统的扰动因素对输出结果的影响，并将预期的管理目标与预测的结果进行对照，提前预见可能出现的问题，预先制定相关纠偏措施，控制相关扰动因素，将不利问题解决于萌芽（甚至未萌芽）状态。[177]反馈控制是根据最终结果产生的偏差来指导将来的行动。其两者的比较如图6－1所示。

前馈和反馈控制属于社会过程的两个极端，前馈控制是社会过程的前端，通过对并未进入社会过程的扰动影响分析，预知其可能对社会目标造成的偏差并进行控制，属于“事前控制”，具体过程为：以预设目标为基本标准，通过分析输入变量，预估扰动因素可能对输出结果造成的影响，对比影响后的结果与原预设目标的偏差，提出相应的控制措施。反馈控制是社会过程的末端，通

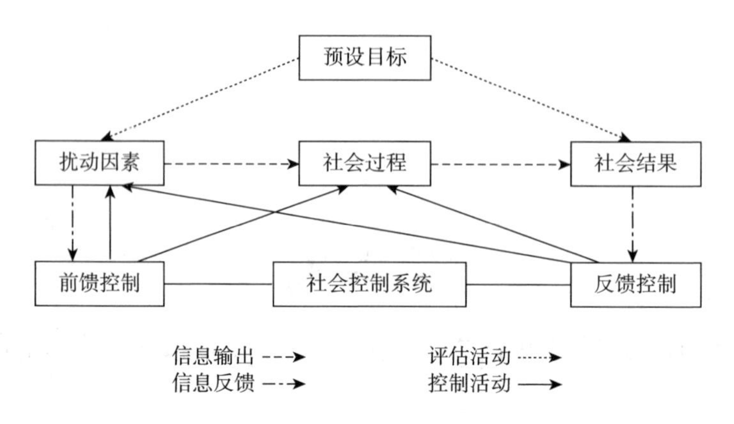

图 6－1　前馈控制与反馈控制的比较

过对社会过程输出的结果与预设目标对比，对产生的偏差进行纠正，属于“事后控制”，具体过程为：以预设目标为基本标准，衡量社会过程的最终结果，将实际最终结果与预设目标相比较，分析造成偏差的原因，确定修正方案，贯彻补救措施。

前馈控制与反馈控制是社会控制的双过程，前馈控制可以防患于未然，但是由于系统的不确定性，不能够对未来实现完全的前馈控制；反馈控制是对出现的结果进行“亡羊补牢”，虽然具有确定性，但是由于时间滞差性，其对系统的迟滞效应无能为力，因此也不能完全依赖反馈控制。只有将前馈控制和反馈控制（治理）有机结合，才能使系统保持稳定有序。

如果说前馈控制是事前对破坏系统有序运行的扰动因素进行的控制，那么反馈控制就是对遭到破坏的系统进行补偿或修复，或者说是事后的治理。

一　城市地下空间安全外部性的主体、受体与行为分析

城市地下空间安全外部性的构成要素有：外部性产生的主体（制造外部性的主体）、外部性产生的受体（被动接受外部性的主体），以及导致外部性产生的行为。基于上述构成要素，本文对城市

地下空间安全外部性进行了分析。

(一) 城市地下空间安全外部性的主体

城市地下空间安全外部性主体包括地下空间的产权所有者和经营企业。产权所有者是城市地下空间的实际产权持有人，对地下空间的安全负有终极责任。产权单位在地下空间设计和施工中负责配备安全基础设施，包括消防设施、排水设施、安全疏散引导标志等。但在经济利益最大化的驱动下，产权单位在提供地下空间安全数量方面往往存在侥幸心理，可能会存在安全投资不足的情况，这就给运营过程中的安全事故埋下了隐患。产权所有者如果同时也是实际经营者，那么他在提供安全数量方面还会有一定的积极性。如果产权所有者把经营权委托给其他企业，则他对安全投资的积极性会降低。经营企业从产权所有者那里获得地下空间经营权之后，同时也承担着地下空间的安全管理责任。在经营过程中，经营企业对安全的基本投入应包括安全监控中心、消防监测系统、安全管理信息系统、安全人员教育培训等。在资金的约束下，经营企业在提供安全数量方面也存在侥幸心理，因为增大安全投入只能增加安全的概率，但不能保证不发生安全事故；较少的安全投资会增大安全事故的发生概率，但不一定发生安全事故。因为安全事故的发生具有突变性和随机性，而安全投资的效果却具有长期性和隐蔽性，很难产生直接的经济效益。如果产权所有者和经营企业对安全投资长期存在侥幸心理，安全设施不达标，安全管理不到位，在量变积累到一定程度时，一个小的诱因就可能会导致重大安全事故的发生。

(二) 城市地下空间安全外部性的受体

城市地下空间安全外部性的受体包括地下空间中的员工、租户、客户、消费者、政府（中央政府、地方政府、管制机构）、市政管理者、居民、地面空间企业、相连二级地块企业及社会组织等。城市地下空间安全外部性的受体众多，其中地下空间中的员工、租户、客户、消费者等是地下空间安全外部性的直接承受者，地下空间中的安全事故可能会直接导致他们的人身或财产损失。政府在地下空间安全事故中主要承担监管责任，安全事故的外部性会导致政府的公信力降低，政府相关工作人员被追究监管责任等。重大安全事故发生，可能会导致交通瘫痪、空气污染、市民心理恐慌等，政府还需组织各方力量参与现场救援及事故后的恢复，包括基础设施的恢复和市民信心的恢复等。地下空间中的重大安全事故还会使市政管理者、居民、地面空间企业、相连二级地块企业等主体的生产生活受到影响，市政管理者要对市政设施（如水、电、通信、燃气等）进行及时修复及供给。

（三）城市地下空间产生安全外部性的行为

城市地下空间产生安全外部性的行为主要是地下空间经营企业对地下空间的安全管理不到位和经营企业的员工、租户、客户以及消费者的不安全行为。比如地下空间经营企业的员工在宿舍私用电磁炉、酒精灯等违规电器；租户使用易燃的装修材料，装修中电焊工的违规操作引燃装修材料导致火灾；租户在经营过程中私拉电线，电线短路导致大面积停电；租户为了扩大使用空间，在逃生通道上放置货物堵塞通道，一旦发生安全事故，将造成逃生困难；消费者乱扔烟头引发火灾等，这些都是引起地下空间安全事故最终导致安全负外部性的行为。

通过上述分析可知，城市地下空间安全外部性主体、受体及外部性行为之间的关系如图 6 – 2 所示。

二　城市地下空间安全外部性的控制模型

由上述分析可知，减少城市地下空间安全问题的负外部性，是

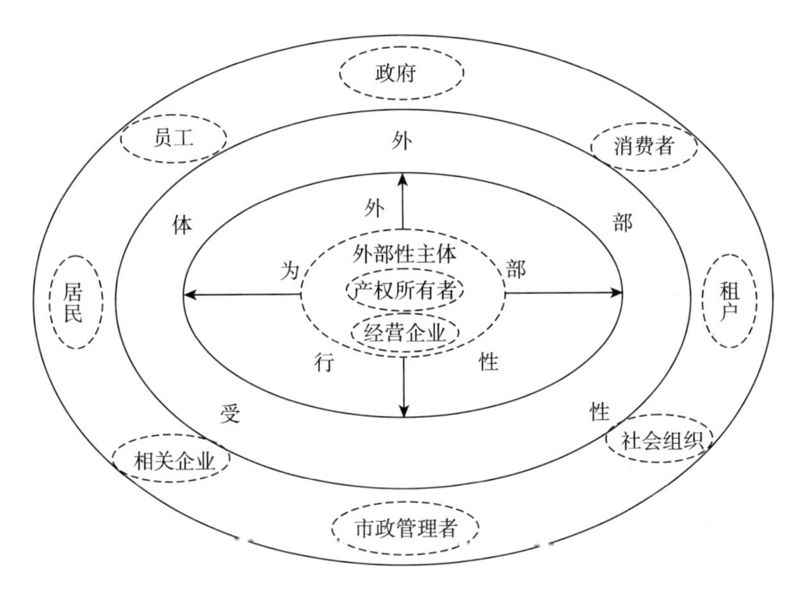

图 6－2　城市地下空间安全外部性主体、受体及外部性行为关系

城市地下空间安全管理中的关键问题。而地下空间安全外部性控制的关键是外部性主体对地下空间安全的重视以及对外部性行为的监督和管理。安全事故的发生有许多因素，海因里希认为“88% 的事故是人们的不安全操作引起的，10% 的事故是不安全行为引起的，2% 是天灾造成的”。因此 98% 的安全事故可以通过安全教育培训、安全管理和预防预警来控制。

对外部性主体的控制，需要外部性受体（没有实行外部性行为却要承担外部性后果）的监督和管理。比如政府要加强对城市地下空间经营企业的安全管制；员工、消费者和市民等要加强对地下空间安全的监督；相关企业、市政管理者和社会组织要加强和地下空间经营企业的安全协同。从多角度、多方位控制外部性主体的安全经营。

对外部性行为的控制，首先经营企业要重视地下空间安全，加大安全投入和安全管理，如增加安全设施设备以及人员的安全培训，加大对设施设备的检查和维护，从而增大地下空间的安全概率。同时监测、监控地下空间的空气质量。对空间中人员的不安全行为，要及时发现，及时制止，以防发生安全事故。其次，政府要通过广告、宣传画、报栏等一切形式提高市民的安全意识，在学校、工厂、企业等设立安全教育课程，提高公民的安全素养，让公民养成安全行为习惯。

通过上述分析，建立城市地下空间安全外部性的控制模型。城市地下空间的安全和许多因素相关，如人的不安全行为、物的不安全状态、环境的不良以及管理不当等。令 S_u 表示地下空间安全，B_p 表示人的不安全行为，S_o 表示物的不安全状态，E_n 表示环境的不良，M_b 表示管理不当，则城市地下空间安全是关于上述诸因素的函数：$S_u = f(B_p, S_o, E_n, M_b)$；而管理是贯穿整个过程的主线，因此也可以将管理不当表示为其他三因素的函数，即 $M_b = g(B_p, S_o, E_n)$。

以 d_1^- 表示负外部性的减少，d_1^+ 表示负外部性的增加，d_2^- 表示正外部性的减少，d_2^+ 表示正外部性的增加，$d_i^-, d_i^+ \geqslant 0, i = 1,2$，权重系数为 $W_i(i = 1,2,3,4)$。城市地下空间安全管理就是要控制人的不安全行为、物的不安全状态以及环境的不良，而控制上述因素的关键就是要控制外部性的变化量，即 $B_p = B_p(\Delta d_1, \Delta d_2)$，$S_o = S_o(\Delta d_1, \Delta d_2)$，$E_n = E_n(\Delta d_1, \Delta d_2)$，其中 $\Delta d_1 = d_1^- - d_1^+$，$\Delta d_2 = d_2^- - d_2^+$。根据上述分析，城市地下空间安全外部性的控制模型可以表示为：

目标函数：min $\{W_1 B_p + W_2 S_o + W_3 E_n + W_4 M_b\}$，或 min$M_b$（$B_p$，$S_o$，$E_n$）

目标约束：

$$\begin{cases} C_p + \Delta d_1 = C_s \\ \pi_P + \Delta d_2 = \pi_s \\ C_p, C_s, \pi_p, \pi_s \geqslant 0 \\ W_j > 0, i = 1,2,3,4 \end{cases} \tag{6-1}$$

其中，C_p 表示私人成本，C_s 表示社会成本，π_p 表示私人收益，π_s 表示社会收益。因此城市地下空间安全外部性控制模型如图6-3所示。

通过控制安全外部性，社会成本接近私人成本，即 $C_s \to C_p$；私人收益接近社会收益 $\pi_p \to \pi_s$。

控制城市地下空间安全外部性的发生，主要是控制安全外部性主体的扰动因素，即从前馈控制的机制看，要建立起城市地下空间安全的组织体系、制度体系、技术体系和资金保障体系。

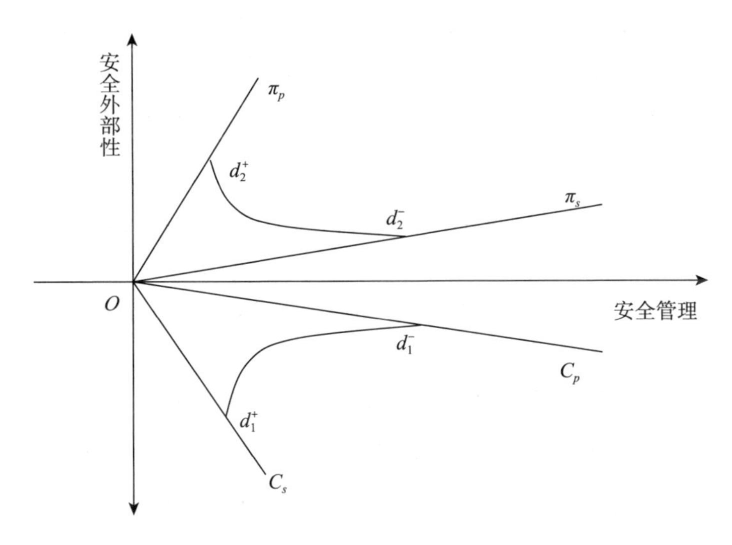

图6-3　城市地下空间安全外部性控制模型

第二节　城市地下空间安全外部性控制与治理机制

城市地下空间安全系统在运营过程中，不可避免地受到地下空间安全的危险扰动因素影响，这些危险扰动因素是地下空间安全系统的脆性导致的，一旦受到外界条件的触发，安全事故就会发生，从而产生巨大的外部影响（第五章已讨论）。如果欲减少地下空间安全事故造成的外部性影响，就要对地下空间安全系统进行控制与治理，所以了解地下空间安全外部性控制与治理的运行机制至关重要（见图6－4）。

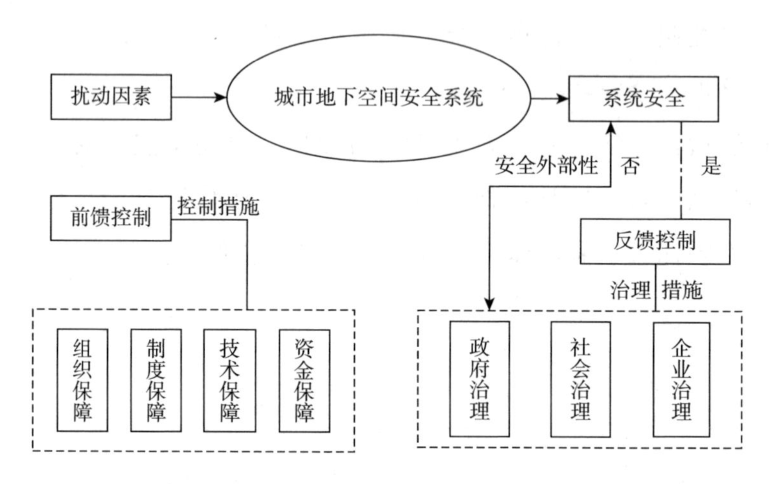

图6－4　城市地下空间安全外部性控制与治理机制

一　城市地下空间安全外部性控制的组织保障

组织保障即建立城市地下空间安全的组织体系。组织体系是城市地下空间经营企业安全管理的基础，明确安全管理的组织体系有利于排查整个城市地下空间的安全隐患，同时，优良的组织体系对安全管理的控制力较强，可以及时有效地实现安全目标。组织体系研究即在此基础上研究目前安全组织的架构或基础业务层出现的问题，及时提出解决方案，为最终实现城市地下空间的安全目标打下基础。

城市地下空间的安全管理水平的提高首先有赖于安全管理体制的健全。根据系统科学原理与方法论在安全事故及灾害管理中的应用，必须依法建立行政、专业、社会三类安全管理组织系统，具体设计如下。

（一）城市地下空间安全管理委员会

城市地下空间安全管理委员会由市（区）委、市（区）政府相关部门领导任主任，地下空间运营商业机构的有关负责人任成员。其职责主要有研究决定城市地下空间安全战略及整体规划，决策重大公共安全建设问题，协调解决跨行业、跨部门等重大公共安全问题，指导应对城市地下空间重大安全事件等。

（二）城市地下空间安全指挥中心

城市地下空间安全指挥中心职能主要包括：执行城市地下空间安全管理委员会决定的事项；制订城市地下空间安全政策法规；编制城市地下空间安全总体规划；规划组织城市地下空间安全基本建设；对城市地下空间安全进行职能、目标、过程、项目等管理；遇有重大安全事件时，保障城市地下空间安全管理委员会的领导，依托城市地下空间安全指挥平台实施统一决策指挥。

（三）城市地下空间安全专家委员会

根据城市地下空间安全建设的需要，围绕城市地下空间安全战略和规划、体系建设、应急指挥等，为城市地下空间安全管理委员会提供决策咨询。

（四）城市地下空间安全各专业管理系统

城市地下空间安全职能部门均应设立安全责任部门。安全责任部门除履行日常安全业务管理职能外，还应在城市地下空间安全指挥中心的指导下，根据城市地下空间安全整体规划部署，承担各自业务范围内监测、预警、应急指挥、危害评估、工程建设、社会宣传等职责，建立完善的城市地下空间突发事件应急处置系统，编制专业处理预案，组建专业救援队伍，配备专业处理装备。

（五）社会管理系统

市区基层社会组织、群众团体、驻军部队或民兵等皆可作为城市地下空间安全管理的社会群体减灾单元（如110、119、医疗机构等），开展跨部门、跨行业的协作，可形成军民结合、群防群治的安全管理氛围。

具体的城市地下空间安全组织体系架构如图6－5所示。

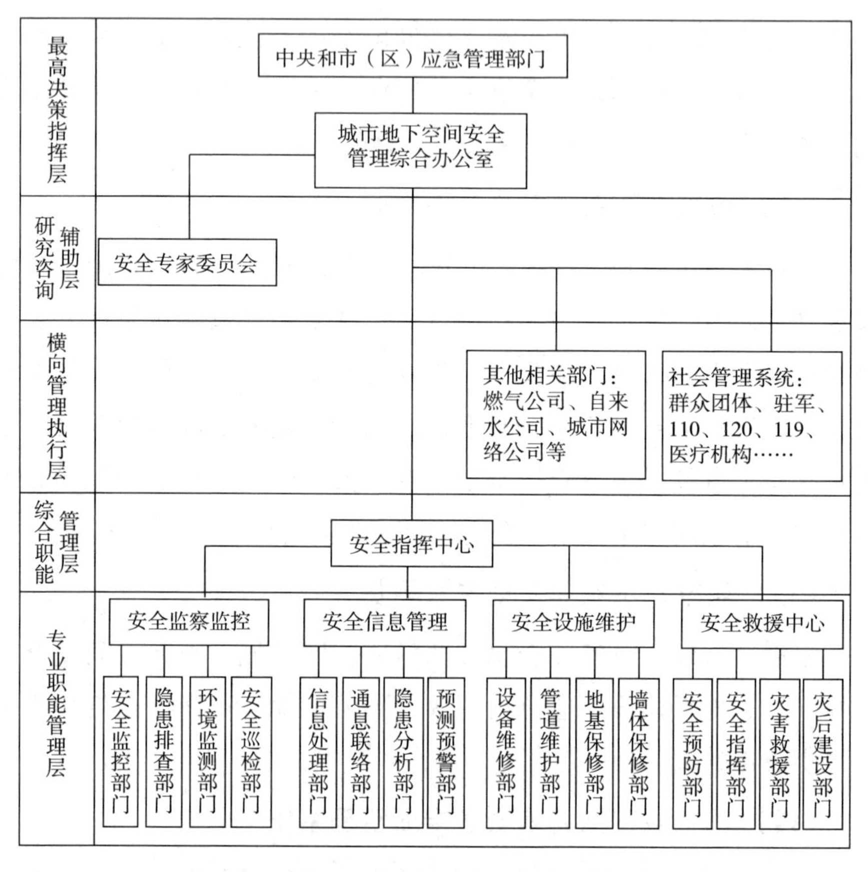

图6－5 城市地下空间安全组织体系架构

二 城市地下空间安全外部性控制的制度保障

制度保障即建立保障城市地下空间安全的制度体系。制度体系是地下空间经营企业安全管理的根本，是企业高效运转的前提和基础，也是企业领导者在管理活动中应关注的基础性工作。完善的安全制度体系可以使城市地下空间的所有者、管理者、经营者及员工等各方利益主体关系明确、权责分明，利益分配合理，各方权、责、利既相互制衡，又协同一致，从而保证城市地下空间安全有序运行；同时可以帮助城市地下空间的管理者理清管理脉络，确定员工岗位责任，细化工作流程标准，明确激励机制，保障安全生产，为企业长期稳定发展提供安全制度保障。

按照图6-5中设计的安全组织体系，针对城市地下空间安全管理制度体系的现状，采用横向纵向整体展开、全部覆盖的模式设计制度体系。

城市地下空间的安全管理制度体系按应急程度可分为日常制度体系和应急制度体系。其中，日常制度体系是指企业在正常运营状态下，安全管理工作涉及的各个方面应遵循的制度安排。应急制度体系是指企业对可能发生的事故所做的监测监控、预防预警，以及事故发生时的应急救援、事故后的处理等制度安排，如图6-6所示。

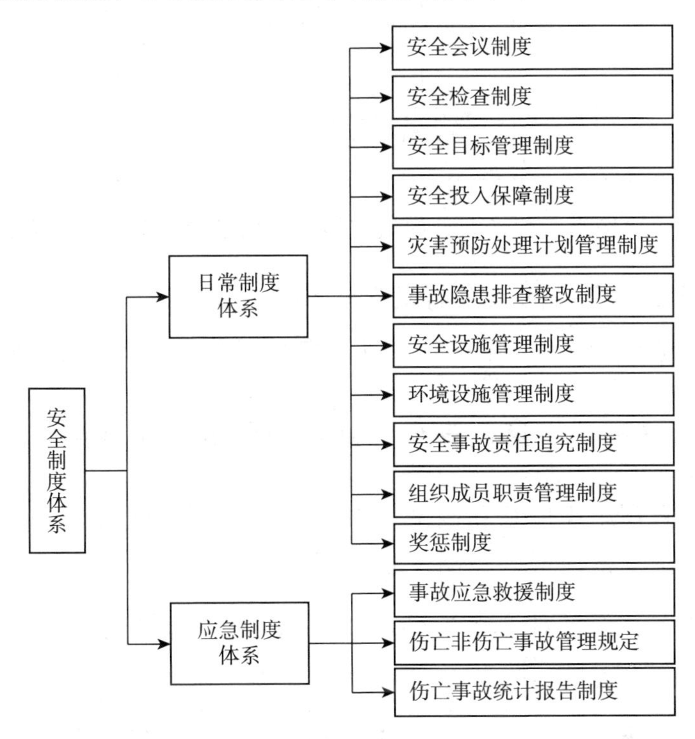

图6-6 按照应急程度划分的城市地下空间安全管理制度体系结构

城市地下空间的安全管理制度体系按组织架构划分，可分为综合职能管理层的制度体系，专业职能管理层的制度体系和其他组织制度体系等，一般包括：安全指挥中心制度体系、集团制度体系、相关单位或经济组织制度体系等，如图 6－7 所示。

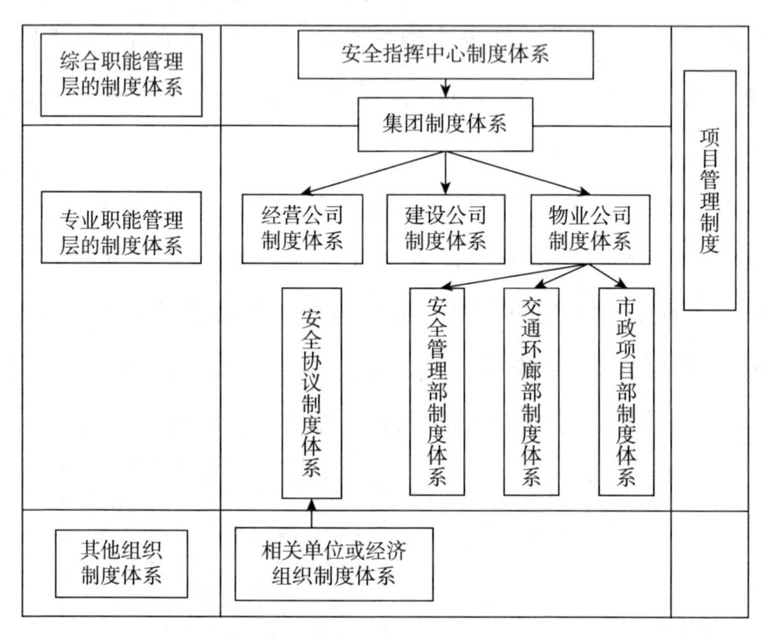

图 6－7　按组织架构划分的城市地下空间安全管理制度体系结构

城市地下空间的安全管理制度体系还应包括：制度体系制定（修订）流程、制度体系设计和具体配套制度设计规范及示例等。

三　城市地下空间安全外部性控制的技术保障

安全管理组织体系和制度体系从城市地下空间安全系统的软件方面对来到城市地下空间的人员（主要是经营者和管理者）的行为进行了规范，但是对于具有不确定行为的消费者来说不具有约束力，因此对于消费者而言需要从安全文化、安全教育等方面进行宣传和引导，有效防止地下空间人员的不安全行为导致安全事故。安全管理组织体系和制度体系得到有效的贯彻执行，还需要借助安全管理信息系统等技术手段的支持。另外，城市地下空间系统安全运营，除了与来到地下空间的人员的安全行为有关，还和城市地下空间安全系统中设施设备的安全状态以及地下空间环境（如空气质量）符合设计标准、地下空间安全管理到位有关。从地下空间安全系统的硬件来看，建立城市地下空间安全应急预警平台，设计和开发城市地下空间安全管理信息系统，对安全组织体系、安全制度体系、安全应急预案体系、安全应急指挥体系、安全文化体系等进行系统化设计，作为地下空间经营者的安全管理模式依据，对安全监控、事故隐患排查、应急预案、预防措施、灾后建设、危险源辨识与评价等一系列安全管理功能进行系统设计和开发，运用计算机的处理能力及互联网的互联互通，构建安全监测集成化、网络办公自动化、安全管理规范化的安全预警平台，对城市地下空间安全进行全方位、多维度、动态化的监测、监控和预警，使城市地下空间的安全事故隐患得到及时、快速、有效的处理，从而实现城市地下空间的本质安全。

目前，对于大多数城市而言，其地下空间的安全管理涉及多个部门，部门之间相互制约，没有统一的安全管理机构；而地下空间的经营企业更多地追求利润最大化，把资金投入到能快速产生经济效益的生产经营，对建立专业的城市地下空间安全管理信息系统重视不足，经营企业安全管理的组织体系、制度体系、应急预案体系、应急指挥体系等安全保障体系没有形成整合，各自为政，甚至存在安全管理制度缺失或缺位等现象，难以形成集约化、系统化、可共享的安全管理体系。因此，城市地下空间经营企业应该运用当代发达的计算机信息技术和强大的互联网技术，构建适合城市地下空间安全管理的预控预警信息平台，开发城市地下空间安全管理信息系统，从被动、消极的善后处理模式，转化为安全事故发生前的积极、主动的预防、预控、预警模式，从事故隐患的监测、监控入手，及时处理、消除事故隐患，实现“以人为本、安全第一、预防为主”的安全管理思想，从而从技术上保障城市地下空间的安全运营。

四 城市地下空间安全外部性控制的资金保障

企业安全投入对经济效益具有正面影响。国家安全生产监督管理局对我国20世纪八九十年代安全生产领域的基本经济数据进行了理论分析和实证研究，发现80年代安全生产的投入产出比是1∶3.65；90年代的安全生产投入产出比是1∶5.83，安全生产对社会经济（GDP）的综合（平均）贡献率是2.40%[178]，说明在进行有效安全投入的前提下，安全生产的投入具有明显、合理的产出，即安全投入能产生较大的经济效益。

安全投入的目的首先是预防事故发生，其次是减少事故造成的人员伤亡、财产损失以及环境危害，如何实现系统的最佳安全性，即投入少、效益高，是企业安全管理活动的重点。在一定的技术水平下，安全效益=减损效益+增值效益+安全的社会效益（含政治效益）+安全的心理效益（情绪、心理等）。这四个组成部分中企业更关注减损效益和增值效益，而政府更关注社会效益和心理效益，四个组成部分相互依存，只有四个部分同时达到最大化，安全效益才能最大化。安全效益是在安全投入产出中体现的，预防性的“投入产出比”远远高于事故整改的“投入产出比”，1分预防性投入胜过5分事故应急或事后整改的投入。由于城市地下空间特殊的地理位置和承担的城市功能，以及政府管制部门对其进行的安全管制，经营企业必须加强安全投入，在增大企业减损效益和增值效益的同时，兼顾安全的社会效益和心理效益。

安全具有“减损”和“增益”两大功能。“减损功能”，即一个经济系统保持安全运营，能减少事故发生，从而减轻事故对企业、社会和自然环境造成的损害；“增益功能”，即一个经济系统的安全运营，能保障劳动条件，从而保证企业持续安全经营，维护经济增值过程，间接实现为社会增值的功能。[179]

“减损功能”可用损失函数 L（S）来表达：

$$L(S) = L\exp(l/S) + L_0, l > 0, L > 0, L_0 < 0 \qquad (6-2)$$

“增益功能”可用增值函数 $I(S)$ 来表达：

$$I(S) = I\exp(-i/S), I > 0, i > 0 \qquad (6-3)$$

式（6-2）、（6-3）中 L, l, I, i, L_0 均为统计常数。

事故损失函数与安全增值函数曲线如图 6-8 所示。

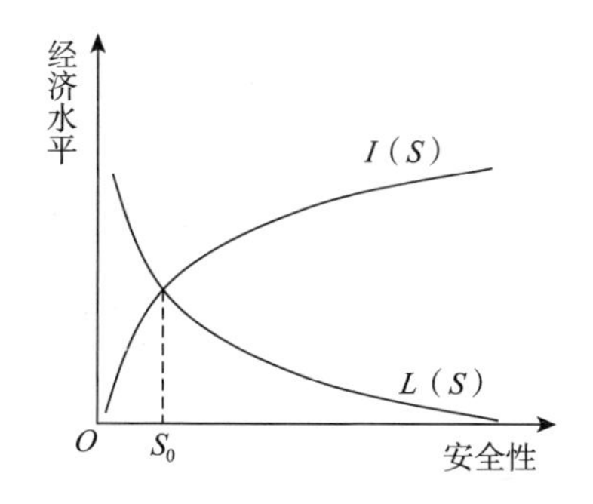

图 6-8　事故损失函数与安全增值函数曲线

事故损失函数 $L(S)$ 为向右下方倾斜的曲线，意指随着安全性的增加事故损失减少，即系统没有安全性（$S = 0$）时，损失值会趋向无穷大，此时，系统具体损失值完全取决于随机因素；当系统安全性达到 100% 时，损失值趋向于 0，此时事故损失曲线与横轴几乎相交。

安全增值函数 $I(S)$ 为向右上方倾斜的曲线，意指随着系统安全性的增加系统增益值增加。当系统安全性为 0 时，系统增益值几乎为 0，当系统的安全性达到 100% 时，系统增益值趋向某一恒定水平，其最大值取决于系统本身的功能。

$L(S)$ 和 $I(S)$ 曲线在 S_0 处相交，此时事故损失值和安全增益值相等，安全增益值与事故损失值相抵消。当系统安全性小于 S_0 时，事故损失值大于安全增益值；当系统安全性大于 S_0 时，安全增益值大于事故损失值，此时获得安全正效益。因此，无论是 $L(S)$ 值减少，还是 $I(S)$ 值增加，都说明系统安全创造了价值。因此，要增加系统安全性，提高其安全增益值，减少事故损失值，从而增加系统的安全效益。

用 $F(S)$ 表示整个系统的安全功能，$F(S)$ 的数学表达式如下：

$$F(S) = I(S) + [-L(S)] = I(S) - L(S) \tag{6-4}$$

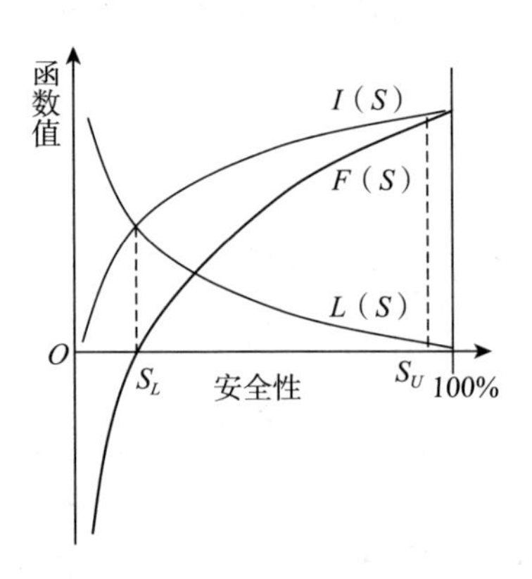

图 6-9　安全功能函数

由图 6-9 可得，当系统安全性取值趋于 0，也即没有安全保障时，系统利益将趋向于负无穷大；当系统安全性取 S_L 值时，系统事故损失值和安全增益值相互抵消，系统整体功能为零，因此 S_L 是系统安全保障取值的下限。当 $S > S_L$ 时，系统整体功能为正，并随着 S 值的增大而增大；当系统安全性达到绝对安全值 100% 时，即 S_U 点，此时系统整体功能增加速率逐渐降低，最终趋向于系统本身的功能水平。以上分析说明，安全不能改变系统本身的创值水平，但安全能保障和维护系统创值功能，从而实现安全自身价值。

对于城市地下空间安全系统而言，首先要提高安全系统自身的功能水平，即通过技术手段（如开发城市地下空间安全管理信息系统）提高系统安全水平；其次加强企业的日常安全管理，保障和维护系统的最佳功能，这些都需要经营企业进行安全投入，从资金上保障地下空间的安全运行。

第三节 城市地下空间安全外部性的治理途径

“治理”一词在西方最初被定义为“统治”，即控制、操纵之意。“治理”作为一个研究概念被广泛接受始于世界银行的报告《撒哈拉以南非洲：从危机到可持续增长》，该报告提出，非洲发展问题根源于“治理危机”。之后许多西方学者对“治理”进行了深入研究，形成了治理理论。美国学者罗西瑙认为：治理即“一系列活动领域里或隐或显的规则，它们更依赖于主体间重要的程度，而不仅是正式颁布的宪法和宪章”[180]；全球治理委员会在研究报告《我们的全球之家》中指出，治理是公共（或私人）部门在管理集体事务时所采取的各种方式的总和，是为了调和各种社会利益冲突或矛盾所采取的持续性联合行动过程。[181]国内学者俞可平认为，治理是指由官方的或民间组成的公共管理组织在一个既定的范围内运用公共权威维持秩序，并在各种不同的制度关系中运用权力去引导、控制和规范公民的各种活动，最大限度地增进公共利益，满足公众需要。[182]

从国内外学者对“治理”一词的不同定义和解释中可以看出，其共同特点是：运用各种权力和制度协调社会冲突和矛盾、控制和规范公民的行为，从而促进公共利益。由此可见，治理和控制并不是完全割裂的，可以说控制中有治理，同时治理中也蕴涵着控制。

在十八届三中全会的《决定》中，“治理”概念从不同层次上被明确提出有 24 次之多，主要涉及国家治理、政府治理和社会治理。就城市地下空间安全而言，安全是关系城市众多主体的准公共物品，所以会涉及政府治理、社会治理以及较低层面的企业治理。

城市地下空间安全外部性的治理主要有以下几个途径。

一　政府治理

庇古认为，外部性问题之所以产生，其原因在于生产成本中的边际私人成本与边际社会成本不相等，当边际私人成本 > 边际社会成本时，出现正外部性，此时产出水平低于帕累托最优时的数量；当边际私人成本 < 边际社会成本时，产出水平大于帕累托最优水平的数量，会产生负外部性。对于外部性治理方式一般采取以下策略：一是通过政府制定完善的规章制度来约束外部性问题的出现；二是政府通过税收或补偿手段调节市场主体服从帕累托最优法则，从而治理外部性问题；三是按照萨缪尔森对于公共物品的分析，要求政府提供公共物品。这种通过政府干预来治理外部性的方法被称为政府治理。

对于城市地下空间安全而言，关于其外部性的政府治理，即政府作为城市地下空间安全管理的主体，对地下空间涉及的安全问题进行规范和实施的管理活动。

二　市场治理

市场经济对资源的优化配置其前提条件是各类资源必须有明确的产权归属。制度经济学创始人科斯则认为，外部性之所以存在，其根本原因在于对物品的产权缺乏明确的界定，而产权界定取决于交易成本。当交易成本为零时，通过自愿协商可以产生资源配置的最优结果；当交易成本不为零时，不同的产权配置会带来不同的经济效益。政府只要把产权界定清晰，就可以利用市场机制进行产权交换解决外部性问题。这种通过市场方式解决外部性问题的方法叫作市场治理。对于城市地下空间安全而言，关于其外部性的市场治理，即要明确城市地下空间的产权属性以及可以进行交易。

三　社会治理

西方“治理”理论认为，所谓治理本质是理性经济人所进行的社会自我治理，突出了以公民为中心。在我国，社会治理是指执政党领导下的，以政府为主导，吸纳多方面社会组织为治理主体，对各类社会公共事务进行的管理活动，是“以实现、维护民众权利为核心，充分发挥各类治理主体的作用，通过化解社会矛盾、解决社会问题，完善社会福利、保障改善民生，促进社会公平、推动社会有序和谐发展的过程”[183]。按照党的十八大报告，我国的社会治理是在“党委领导、政府负责、社会协同、公众参与、法治保障”的总体格局下运行的中国特色社会主义社会管理。[184]

就城市地下空间安全而言，其社会治理即在政府组织主导下，吸纳社会组织等多方面治理主体参与，对地下空间安全相关问题进行治理的活动。企业治理，是指地下空间经营企业在经营过程中按照安全法律法规的要求，对地下空间安全进行的管理行为，主要是建立地下空间安全预控预警平台，从技术上保障地下空间的安全运营。

第七章

城市地下空间安全外部性的政府治理

第一节　政府治理的必要性

政府治理是指在城市地下空间安全管理活动中，政府作为管理的主体，对地下空间安全从法律法规、奖惩机制、激励机制等方面做出规范要求。对于城市地下空间安全外部性而言，政府治理的核心内容主要是政府管制。

政府管制是指政府为维护和达到特定的公共利益所进行的管理和制约，是政府对微观经济进行的干预，一般分为经济性管制和社会性管制。社会性管制是政府以确保国民生命安全、防止灾害、阻止公害和保护环境为目的的管制。[185] “健康、安全与环境这三个方面的管制是针对我们环境中的风险、工作场所的风险和所消费产品的风险而制定的……是通过直接的政府管制而实行的”[186]。因此，城市地下空间安全的政府管制属于社会性管制的范畴。

对于安全这一概念无法进行统一的定义，它可以是对客观事物状态的一种描述，也可以是人们内心的需要，可以是对某一复杂系统客观状态的描述，也可以是对复杂系统运行过程的目标要求，即在系统运行过程中，其中的人和物不会受到伤害或者遭受损失。安全具有自然属性，即其客观性，同时安全又具有社会属性，是人类社会活动所追求的重要目标。安全不是物质实体，不可以独立存在，它是物质实体的一种属性，具有公共物品的特性，即安全具有非竞争性和非排他性，任何人对安全的消费并不能减少也不能排除其他人对安全的消费，如国防安全、社会安全、城市公共安全等。安全具有的公共物品属性，决定了在安全的供给方面市场机制会失灵，即安全不能像其他商品一样，在完全竞争的市场上由“看不见的手”来调节其供给，依靠市场的力量自动达到均衡状态。因此，必须由政府来提供，并对其进行社会性管制。城市地下空间安全管制部门众多，且部门间职能相互交叉，易导致“管理越位”或“管理缺位”现象发生。城市地下空间安全系统职能监管网络如图 7 - 1 所示。

城市地下空间安全事故类型多样，安全监管相关部门众多，地下空间安全事故涉及多个监管部门，比如地下空间火灾事故，因为火灾发生的原因多样，可能是电力设施老化导致的火灾，也可能是燃气泄漏发生爆炸引起的，还可能是人的不安全行为导致的火灾，也可能是供水供热管网爆炸引起的，火灾容易导致事故中的人们吸入烟尘引起窒息等等。所以一个火灾事故就可能涉及应急办、消防局、安监局、人防办、供热办、水利局、公安局、市政局、住建委等多个监管部门，目前这些部门间是相互平行的，需要协同监管，但是因为没有隶属关系，容易相互推诿，推卸责任。所以监管部门之间应该有安全监管协同制度来制约各部门之间的行动策略选择。

第二节　政府管制的理论依据

城市地下空间安全属于公共安全，而公共安全是典型的公共物品，应该由政府提供。但城市地下空间涉及的安全问题大多是企业

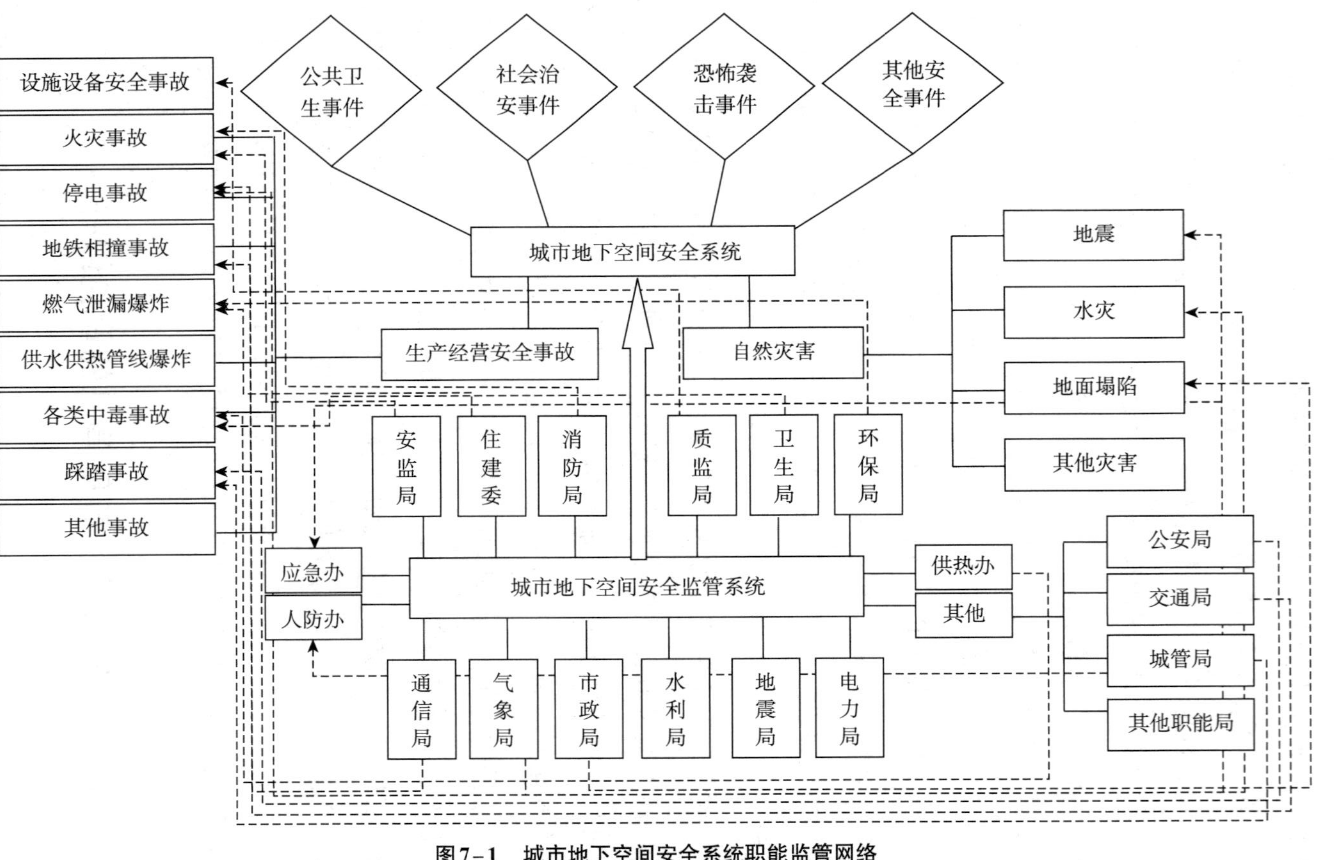

图7-1　城市地下空间安全系统职能监管网络

在生产经营过程中不安全行为或管理不善所导致的，并不像国防安全这样的公共物品，可以由国家直接无偿提供。然而地下空间发生的安全事故却会危及地下空间、相关企业、对应地面空间、地下地面消费者、周边居民甚至行人的生命和财产安全，即安全事故直接威胁城市的公共安全。因此，对城市地下空间的安全政府负有重要的监管责任。

安全管理的目的就是预防事故发生，或事故发生后防止事态扩大，减少事故损失。政府对地下空间安全最有效的管理手段就是管制，城市地下空间安全的政府管制需要从外部性、公共物品、委托代理理论、利益相关者理论等不同层面来进行分析。

一 外部性与城市地下空间安全的政府管制

城市地下空间安全具有经营的正外部性，它不仅保证了地下空间工作人员的安全，减少了他们的工作压力和心理负担，促进了他们的工作效率和工作积极性，而且会对其他相连区域、对应的地面空间企业、居民等产生正面影响，如增大对消费者的吸引力，同时还能增加企业对地下空间所在区域的投资，提升企业形象，形成正的社会效应。但城市地下空间经营企业不可能将安全收益完全内部化，因此私人收益小于社会收益，私人成本大于社会成本。此时，经营企业必然会从自身利益最大化出发，只会提供低于社会需求的最优水平的安全数量，地下空间安全相对于社会需求供给不足，需要政府进行安全管制。

城市地下空间在经营过程中产生的负外部性，可能是经营企业投入不足或管理不善导致的安全事故，也可能是消费者的不安全行为导致的安全事故。安全事故可能造成地下空间相连区域的巨大损失，也可能会造成地面交通拥堵、空气污染等，产生巨大的负面社会效应，由此造成私人安全成本小于社会安全成本。同样地下空间经营企业也缺乏足够的安全投入和安全管理的动力，此时更需要政府提供积极的安全管制。

二　公共物品与城市地下空间安全的政府管制

公共物品是指那些为社会公共生活所需要、私人不愿意或无法生产，而必须由政府提供的产品和服务。[187]公共物品是可以供社会成员共同使用或消费的物品，在同一时间可以使多个个体受益，如国防、清洁的社会环境、航标指示灯、社会的公共安全等。显然，城市地下空间安全为全社会成员共同需要，在同一时间可以使多人受益，仅靠私人是无法生产且私人生产的动力不足，应该被视为公共物品。

在经济学上把公共物品定义为具有非竞争性和非排他性的物品。所谓非竞争性，是指公共物品是提供给所有消费者的，无法在消费者之间进行分割，即一个人消费某种公共物品并从中获得效用，并不影响其他人同时消费该物品并从中获得相同的效用，也就是说在给定的生产水平下，增加一个消费者所需要的边际成本为零。所谓非排他性，是指一种公共物品可以同时供多个人消费，任何人对某种公共物品的消费，都不排斥其他人消费该物品（不论他们是否付费），或者排斥的成本很高，同时也不会减少其他人由此而获得的效用。

城市地下空间安全显然具有公共物品的属性，即安全一旦被生产出来，就是提供给进入地下空间的所有人的，一个人享有地下空间安全设施、安全管理带来的效用，并不排除其他人同时享有安全并得到相同的效用，即城市地下空间安全具有非竞争性。但如果进入地下空间的人数太多，超出了地下空间允许的最大限额，安全效用就会减少，也就是说地下空间安全不具有完全的非排他性，从这个意义上看，城市地下空间安全属于“准公共物品”。

城市地下空间安全的准公共物品属性使得地下空间经营企业在提供安全方面缺乏动力，各类租户、公共设施提供者等在安全投入方面也不可避免地存在“搭便车”的心理，而一旦发生安全事故造成严重后果却需要全社会来买单。因此维护社会安定，提供地下空间安全需要政府的安全管制。

三　委托代理理论与城市地下空间安全的政府管制

委托代理理论是新制度经济学的重要理论之一，该理论认为某一部门或组织（个人）等委托其他部门或组织（个人）等代表其进行某项工作或行使某项或部分权利时，前后两者就形成一种委托和代理的关系，这种关系称之为“契约”。[188]城市地下空间安全是社会公共安全的重要组成部分，关系城市居民和消费者的切身利益，而城市地下空间安全作为准公共物品无法通过市场机制得到有效供给，居民和消费者必须通过委托政府来提供。居民和消费者作为委托人委托政府提供地下空间安全，政府作为代理人通过权力行使为委托人（市民和消费者）提供有效的安全数量。地下空间从产权属性来说属于国家，但在其运营过程中，经营企业通过各种方式获得经营权，同时也获得地下空间的管理权。对地下空间的安全政府无法直接提供，只能作为委托方委托给地下空间的经营者，地下空间经营者作为代理人向社会提供一定的地下空间安全数量，但经营者以追求利益最大化为目标，在提供地下空间安全方面存在侥幸心理，往往存在安全投入不足、安全管理不到位等问题，政府作为委托人需要利用其强制力对地下空间经营企业进行安全管制。

四　利益相关者理论与城市地下空间安全的政府管制

管理学意义上的利益相关者（stakeholder）是组织外部环境中受

组织决策和行动影响的任何相关者。城市地下空间安全的利益相关者涉及政府、经营企业、企业员工、租户、公共设施（电力、通信、热力、燃气、垃圾处理等）提供者、客户、消费者等多个利益集团和群体，甚至包括与地下空间相连的其他二级地块的经营企业，对应的地面空间建筑的经营者、居民甚至地面行人。地下空间一旦发生重大安全事故，可能会对以上利益相关者造成不同程度的损失和影响，除了造成直接的人员和财产损失外，还可能造成经营中断、市政设施被毁、交通受阻、居民日常生活受到严重影响、政府的公信力降低等严重后果，因此加强事故预防、预警机制，最大限度地减少城市地下空间的安全事故，需要政府的安全管制。

第三节　政府管制机构与经营企业之间的博弈分析

城市地下空间的安全直接关系整个城市的安全，影响着城市居民的生产和生活，因此政府对城市地下空间的安全负有监管责任。地下空间经营企业无论是作为开发商还是承包方，在获得地下空间的经营权的同时，也不可避免地担负着保证地下空间安全的责任。为了自身经营安全和城市安全，经营者一方面会进行安全投入，另一方面会以追求经济效益最大化为目标，由于安全效益具有长效性和隐蔽性，在资金有限的情况下，经营企业势必会减少安全投入而增大经营投入，然而城市地下空间由于其特殊的地理位置，一旦发生重大安全事故，除了直接影响经营企业外，还会产生消极的外部影响，对居民、消费者、外部相连企业等造成重大损失。因此政府有必要对城市地下空间经营企业进行安全管制。

目前，城市地下空间的开发利用采用“谁开发、谁经营、谁管理、谁受益”的原则。城市地下空间经营权的取得有以下方式：一是直接委托开发商经营；二是通过招标的方式承包给某个企业经营。因此，在城市地下空间运营阶段，博弈模型中的管制机构为政府管制机构，管制对象为经营企业。其中，政府管制机构的纯策略为对地下空间经营企业进行安全管制和不进行安全管制，而经营企业的纯策略为地下空间安全达标和地下空间安全不达标。政府进行安全管制，会产生一定的管制成本，如果政府不进行安全管制，就不产生管制成本，经营企业也会获益（不进行安全投入或少投入，从而减少安全成本）；而如果政府进行安全管制，经营企业安全不达标会受到管制机构的处罚。

一 静态博弈模型

为便于分析，假定只有一家政府安全管制机构和一家地下空间经营企业进行单阶段静态博弈。政府安全管制机构的策略选择是：对地下空间经营企业进行安全管制和不进行安全管制；地下空间经营企业的策略选择是地下空间安全达标和地下空间安全不达标。

假设1：地方政府安全管制机构对城市地下空间经营企业进行安全管制产生的成本为 C_1，进行安全管制概率为 p_1，则不进行安全管制的概率为 $1-p_1$；地方政府安全管制机构不对经营企业进行管制所需要承担的成本为 C_2，包括中央政府对地方政府不履行职责的惩罚以及对地方政府业绩评价的降低等。

假设2：城市地下空间经营企业进行安全投入的成本为 C'，不进行安全投入和安全管理的额外收益为 I，地方安全管制机构对地下空间安全不达标的经营企业进行的处罚为 F；经营企业安全达标的概率为 p_2，则安全不达标的概率为 $1-p_2$，相应的支付矩阵如表7-1所示。

表 7-1 城市地下空间安全管制博弈支付矩阵

策略选择		经营企业	
		达标	不达标
地方政府安全管制机构	管制	$-C_1$，$-C'$	$F-C_1$，$I-F$
	不管制	0，$-C'$	$-C_2$，I

上述博弈存在混合策略纳什均衡。令 U_g 表示地方政府安全管制机构的期望效用函数，U_e 表示城市地下空间经营企业的期望效用函数，下文分析地方政府安全管制机构和城市地下空间经营企业的期望效用。

$$U_g = p_1[p_2(-C_1)+(1-p_2)(F-C_1)]+(1-p_1)[p_2\times 0+(1-p_2)(-C_2)]$$
$$= p_1[F+C_2-C_1-p_2(F+C_2)]-C_2(1-p_2)$$
$$U_e = p_2[p_1\times(-C')+(1-p_1)\times(-C')]+(1-p_2)[p_1(I-F)+(1-p_1)I]$$
$$= -p_2(I+C'-p_1F)+I-p_1F$$

对上述效用函数分别求导数，并且令 $\frac{\partial U_g}{\partial p_1}=0$，$\frac{\partial U_e}{\partial p_2}=0$，得

$$p_1^* = \frac{I+C'}{F} \tag{7-1}$$

$$p_2^* = 1-\frac{C_1}{F+C_2} \tag{7-2}$$

式（7-1）、（7-2）即为上述博弈模型的混合策略纳什均衡解，即城市地下空间地方政府安全管制机构以 $\frac{I+C'}{F}$ 的概率选择安全管制，城市地下空间经营企业以 $1-\frac{C_1}{F+C_2}$ 的概率选择安全达标。对上述博弈结果进行分析可知：

①地方政府安全管制机构的管制概率 p_1^* 与城市地下空间经营企

业的安全投入成本 C' 、不进行安全投入的额外收益 I 以及地方政府安全管制机构对安全不达标的地下空间经营企业的处罚数额 F 有关。在 I 、C' 一定的条件下，F 越大，p_1^* 就越小，也就是说，地方政府安全管制机构对地下空间安全不达标企业的处罚力度越大，地下空间经营企业安全达标的可能性越高，地方政府安全管制机构对其进行安全管制的概率越小。在 F 、C' 一定的条件下，I 越大，p_1^* 就越大，即地下空间经营企业安全不达标获得的收益越大，地下空间经营企业安全不达标的可能性越高，地方政府管制机构对其进行安全管制的概率越大。在 I 、F 一定的条件下，地下空间经营企业安全达标的成本 C' 越高，经营企业安全达标的可能性越小，地方政府安全管制机构进行安全管制的概率越大。

②地下空间经营企业安全达标的概率 P_2^* ，取决于地方政府安全管制机构的管制成本 C_1 、地方政府安全管制机构不进行安全管制所需承担的一切成本 C_2 ，以及地方政府安全管制机构对安全不达标的地下空间经营企业的处罚额度 F 。在地方政府安全管制成本 C_1 一定的条件下，地方政府安全管制机构对地下空间经营企业安全不达标的处罚数额 F 越大，地方政府安全管制机构对地下空间经营企业不进行安全管制所需承担的成本 C_2 越高，地下空间经营企业选择安全达标的概率越高；在 F 和 C_2 一定的条件下，地方政府安全管制机构的管制成本 C_1 越高，其进行管制的可能性越小。

二　动态博弈模型

现实生活中，地方政府安全管制机构和城市地下空间经营企业之间的博弈不会一次完成，往往会进行多次博弈，也就是说，地方安全管制机构与地下空间经营企业之间的博弈是一种动态博弈。动态博弈是指博弈参与人选择自己的行动是有先后顺序的，后行动的参与人可以观察到先行动参与人的策略选择，并且会根据先行动参与人的策略来选择自己的最优策略。下文在静态博弈模型的基础上，考虑地方安全管制机构以及地下空间经营企业各自的社会影响效应，对地方安全管制机构和地下空间经营企业的动态博弈进行研究。

假设1：地方政府安全管制机构对地下空间经营企业进行安全管制产生的成本为 C_1，安全管制概率为 p_1，则不进行安全管制的概率为 $1-p_1$；地方政府安全管制机构对经营企业不进行管制所需要承担的成本为 C_2，地方政府安全管制机构对安全不达标的地下空间经营企业的处罚额度为 F。

假设2：地下空间经营企业进行安全投入的成本为 C_2，安全达标的概率为 p_2，同时由于安全达标所获得的社会信誉收益为 G_e；如果地下空间经营企业减少安全投入，地下空间安全就可能不达标，则其减少安全投入节约的成本优势或收益为 I，若被地方政府安全管制机构检查到安全不达标，则受到的处罚数额为 F，且社会信誉损失为 G'_e。

假设3：地方政府安全管制机构滥用职权的概率为 p'_1，地下空间经营企业安全不达标向地方安全管制机构进行寻租的概率为 p'_2，寻租成本为 αC_2（$0<\alpha<1$），此为地方安全管制机构的寻租收益，则其信誉损失为 G'_g；在地下空间经营企业既不进行安全投入，又不进行寻租的情况下，地方安全管制机构对其的处罚金额为 βF（$\beta>1$），如果地方政府安全管制机构滥用职权，将罚金据为己有，则 βF 可以被看成地方安全管制机构的收益，但同时会产生信誉损失 G'_g；如果地方政府安全管制机构不滥用职权，将寻租收益 αC_2 和罚金 F 上缴中央政府，中央政府对地方安全管制机构的奖励为 γ（αC_2+F），$0<\gamma<1$。

假设4：若地下空间经营企业不进行安全投入，同时地方安全管制机构也不进行安全管制，则产生安全事故的概率会大增，对社会造成严重的负面影响。此时地方安全管制机构的信誉损失及产生的

社会成本为 C。

在以上假设下，地方政府安全管制机构和城市地下空间经营企业的博弈树如图 7－2 所示。

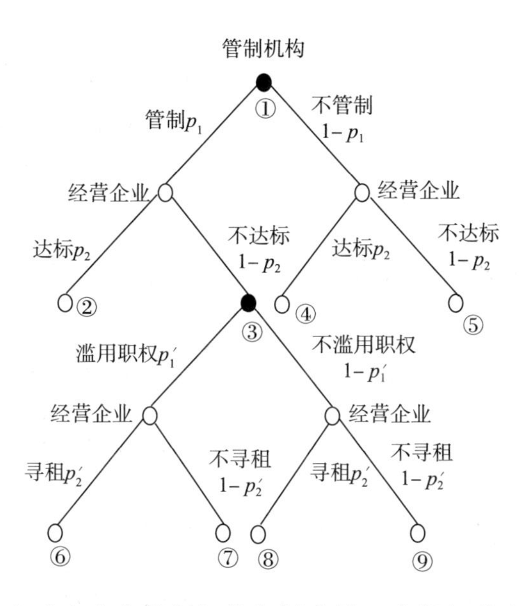

图 7－2　地方政府安全管制机构与城市地下空间经营企业的博弈树

上述博弈树中各节点的效用函数为：

① $(U_g,\ U_e)$

② $(-C_1,\ G_e-C_2)$

③ $(U_{g1},\ U_{e1})$

④ $(0,\ G_e-C_2)$

⑤ $(-R,\ I-G_e')$

⑥ $(\alpha C_2-C_1-G_g',\ I-\alpha C_2-G_e')$

⑦ $(\beta F-C_1-G_g',\ I-\beta F-G_e')$

⑧ $[\gamma(\alpha C_2+F)-C_1,\ I-\alpha C_2-F-G_e']$

⑨ $(\gamma F-C_1,\ I-F-G_e')$

采用逆向归纳法求得上述动态博弈的纳什均衡解，节点③的期望效用函数为：

$$U_{g1}=p_1'p_2'(\alpha C_2-C_1-G_g')+p_1'(1-p_2')(\beta F-C_1-G_g')+(1-p_1')p_2'[\gamma(\alpha C_2+F)-C_1]+(1-p_1')(1-p_2')(\gamma F-C_1) \quad (7-3)$$

$$U_{e1}=p_1'p_2'(I-\alpha C_2-G_e')+p_1'(1-p_2')(I-\beta F-G_e')+(1-p_1')p_2'(I-\alpha C_2-F-G_e')+(1-p_1')(1-p_2')(I-F-G_e') \quad (7-4)$$

对上述期望效用函数求一阶导数，并令$\frac{\partial U_{g1}}{\partial p_1'}=0$，$\frac{\partial U_{e1}}{\partial p_2'}=0$，得：

$$\frac{\partial U_{g1}}{\partial p_1'}=p_2'(\alpha C_2-C_1-G_g')+(1-p_2')(\beta F-C_1-G_g')-p_2'[\gamma(\alpha C_2+F)-C_1]-(1-p_2')(\gamma F-C_1)=0$$

$$\frac{\partial U_{e1}}{\partial p_2'}=p_1'(I-\alpha C_2-G_e')-p_1'(I-\beta F-G_e')+(1-p_1')(I-\alpha C_2-F-G_e')-(1-p_1')(I-F-G_e')=0$$

解得：

$$p_2'^{\,*}=\frac{G_g'(\gamma-\beta)F}{\alpha(1-\gamma)C_2-\beta F'} \quad (7-5)$$

$$p_1'^{\,*}=\frac{\alpha C_2}{\beta F} \quad (7-6)$$

将式（7-5）、（7-6）分别代入式（7-3）、（7-4），得：

$$U_{g1}^*=p_2'^{\,*}\gamma\alpha C_2+\gamma F-C_1$$

$$U_{e1}^*=(\frac{1}{\beta}-1)\alpha C_2+I-F-G_e'$$

所以节点①的期望效用函数是：

$$U_g=p_1p_2(-C_1)+p_1(1-p_2)U_{g1}^*+(1-p_1)p_2\times 0+(1-p_1)(1-p_2)(-C)$$

$$U_e=p_1p_2(G_e-C_2)+p_1(1-p_2)U_{e1}^*+(1-p_1)p_2\times(G_e-C_2)+(1-p_1)(1-p_2)(I-G_e')$$

对上述期望效用函数求一阶导数，得

$$\frac{\partial U_g}{\partial p_1}=p_2(-C_1)+(1-p_2)U_{g1}^*-(1-p_2)(-C)$$

$$\frac{\partial U_e}{\partial p_2}=p_1(G_e-C_2)-p_1U_{e1}^*+(1-p_1)(G_e-C_2)-(1-p_1)(I-G_e')$$

根据最优化条件，令 $\frac{\partial U_g}{\partial p_1}=0$，$\frac{\partial U_e}{\partial p_2}=0$

得纳什均衡解：$p_1^*=\frac{I+C_2-G_e-G_e'}{F+(1-\frac{1}{\beta})\alpha C_2}$，$p_2^*=\frac{C+U_{g1}^*}{C_1+C+U_{g1}^*}$

上述博弈结果说明，地方政府安全管制机构以 $p_1^*=\frac{I+C_2-G_e-G_e'}{F+(1-\frac{1}{\beta})\alpha C_2}$ 的概率选择对城市地下空间经营企业进行安全管制，地下空间经营企业以 $p_2^*=\frac{C+U_{g1}^*}{C_1+C+U_{g1}^*}$ 的概率选择安全达标。对上述博弈结果进行分析可知：

（1）地方政府安全管制机构对城市地下空间经营企业进行安全管制的概率 p_1 取决于地下空间经营企业的安全投入成本 C_2、不进行安全投入或少投入获得的额外收益 I、地下空间经营企业在不同博弈策略下的信誉收益和损失 G_e、G_e'，地下空间经营企业不进行安全投入为避免处罚的寻租成本 αC_2，地方政府安全管制机构对安全不达标的地下空间经营企业的处罚 F 等因素。在 G_e、G_e' 及 F 一定的条件下，地下空间经营企业安全达标需要的安全成本 C_2 越多，其不进行安全投入所获得的直接额外收益 I 越多，此时地方政府安全管制机构的管制概率越大；在 C_2、I 及 F 一定的条件下，地下空间经营企业安全达标获得的社会信誉收益 G_e 越大，或安全不达标导致的信誉损失 G_e' 越大，地方政府安全管制机构的管制概率越小；在 C_2、I、G_e

及 G'_e 一定的条件下，地下空间经营企业安全不达标受到的处罚 F 越大，地方政府安全管制机构的管制概率越小。由此可见，安全投入成本、企业安全信誉以及安全不达标的处罚力度是影响地方政府安全管制机构进行安全管制的重要因素。

（2）地下空间经营企业安全达标的概率 p_2 受地方政府安全管制机构的管制成本 C_1 、经营企业安全达标所需要投入的安全成本 C_2 以及安全不达标导致的社会成本 C 和地方政府安全管制机构的处罚金额 F 等因素影响。在 C_2 、C 及 F 一定的条件下，地方安全管制机构的管制成本 C_1 越高，其进行安全管制的动力越小，地下空间经营企业安全达标的概率越小；在 C_1 、C_2 及 F 一定的条件下，安全不达标产生的社会成本 C 越高，地方安全管制机构进行安全管制的动力越大，经营企业安全达标的概率越高。

（3）地方政府安全管制机构滥用职权的概率 p'_1 和地下空间经营企业的安全成本 C_2 、由于安全不达标受到政府安全管制机构的惩罚 F 以及寻租系数 α 、惩罚系数 β 有关。寻租系数 α 越大，安全达标需要的成本 C_2 越高，地方政府安全管制机构滥用职权的概率越大；惩罚系数 β 越大，惩罚数额 F 越高，地方安全管制机构管制的积极性越大，经营企业安全达标的可能性越大，从而地方安全管制机构滥用职权的概率越小。

（4）地下空间经营企业安全不达标向地方安全管制机构进行寻租的概率 p'_2 与中央政府对地方安全管制机构的奖励 $\gamma(\alpha C_2 + F)$ 、地方安全管制机构滥用职权的声誉损失 G'_g 以及寻租系数 α 、惩罚系数 β 等因素有关。在其他因素一定的条件下，地方安全管制机构滥用职权的声誉损失 G'_g 越大，地下空间经营企业的寻租概率 p'_2 越高；中央政府对地方政府安全管制机构的奖励系数 γ 越小，地方安全管制机构进行安全管制的积极性越低，甚至有和地下空间经营企业合谋的可能。

目前，国内还没有针对城市地下空间安全的管制标准，也没有具体的管制机构，更没有形成完善的管制体系。国家亟待出台一系列法律法规，明确城市地下空间安全管制机构、安全管制标准以及安全管制所涉及的种种问题，从法律、制度、技术等方面规范城市地下空间安全，从而促进城市的安全发展。

第四节　城市地下空间安全管制措施

一　加强制度供给，使城市地下空间安全管理制度化

制度可分为正式制度和非正式制度两种类型，政府既是正式制度的供给者，又是非正式制度的影响者。为了保障城市地下空间系统的安全运行，政府需要通过制定城市地下空间安全法律法规和安全设施、安全技术等标准，成立城市地下空间安全监管机构，规范各级政府监管机构人员的行为，监督城市地下空间经营企业制定安全经营制度，对没有达到安全标准的企业采取惩罚措施，对安全水平较高的企业给予奖励等，实现地下空间安全。

二　建立科学完善的城市地下空间安全评估体系

城市地下空间安全系统是一个层次结构复杂、目标多样、动态的复杂巨系统，对其安全状态可以采用层次分析法加以评价。层次分析法由美国运筹学家 A. L. Saaty 于 20 世纪 70 年代提出，是一种定性与定量相结合，在诸多领域都得到广泛应用的决策分析方法。其基本原理为：决策者通过将复杂问题（或者目标）分解为多个层次，每一层次包括多个要素，然后对同一层次上多要素之间相对重要性进行两两比较，通过判断和计算得到该层要素的权重，进而通过对各层次进行分析，最终得到整个问题（或者目标）

的分析结论[189]。

层次分析法主要步骤为：

（1）依据构成基本问题的各类评价要素构建多级层次模型；

（2）选定专家对同一层次（等级）的评价要素进行两两比较，确定各要素之间相对重要程度，建立判断矩阵，并计算各要素的评价权重；

（3）完成所有层次各要素的评价权重；

（4）依据评价权重，结合具体评价问题或者目标进行评价，得到综合评价结果。

在层次分析法运用过程中，判断矩阵的建立以及权重的计算都需要专家打分，由于对于城市地下空间安全问题研究文献较少，寻找地下空间安全研究专家不易。所以建立城市地下空间安全评估体系可以作为今后研究的方向。

三　运用经济政策治理城市地下空间安全负外部性

经济政策的核心内容是税收和补贴。环境管制治理中，通过对企业污染环境的后果征税，将污染对社会造成的危害内部化为企业成本，这种收费管制又称为庇古税管制。借鉴环境管制中的庇古税，对城市地下空间经营企业征收安全税，从而增大经营企业的安全成本，使经营企业的安全成本与社会的安全成本一致，将安全的外部成本内部化。

（1）征税。对安全检查不合格的企业征收安全税，用税收来弥补私人成本与社会成本之间的差距，从而使外部成本内部化。

（2）补贴。地下空间经营企业增大安全投入、加强安全管理，保证地下空间安全的同时，促进了本地区的安全，政府对安全检查评价为优秀的企业进行安全补贴，通过安全补贴促进地下空间经营企业安全投入。

（3）安全保证金。对地下空间经营企业收取安全保证金，以促进经营企业的安全运营。

（4）罚款。对地下空间经营企业增大安全负外部性并产生严重后果的行为给予惩罚。

第八章
城市地下空间安全外部性治理的制度设计

制度的一般含义是“要求大家共同遵守的办事规程或行动准则，也指在一定历史条件下形成的法令、礼俗等规范或一定的规则”。美国经济学家T. W. 舒尔茨将制度定义为“管束人们行为的一系列规则”[190]；新制度经济学的重要代表人物道格拉斯·诺思认为，制度是一种社会博弈规则，是人们所创造的用以限制人们相互交往的行为的框架。[191]可见制度是社会生活中约束或限制人们行为的不可或缺的规范或规则。“制度好，可以使坏人无法任意横行，制度不好，可以使好人无法充分做好事，甚至会走向反面”[192]。因此对于城市地下空间安全而言，设计一套好的制度，以规范利益相关者的行为，增大人们不安全行为的成本，同时对安全行为给予充分的激励，从而保证城市地下空间的安全，是安全管理的根本。

第一节 立法演进凸显城市地下空间安全管理制度缺乏

我国对城市地下空间的开发利用与安全管理迄今为止经历了三个不同的历史发展阶段。一是新中国成立初期，为了战备需要而开发的地下防空工程——人防工程。这些于20世纪六七十年代建设的地下工程，以防空洞为主，其规模较小、功能单一，主要起到战时掩体的作用。此阶段几乎没有关于地下空间的法律制度，直到1984年7月20日才颁布实施了《人民防空条例》，这是有关人防工程的第一部法律规范。二是改革开放以来，随着城市化的发展，城市人口不断增加，城市地面空间无法满足日益增长的城市人口对城市功能的需要，为了缓解地面环境恶化、交通拥堵等问题，我国开始修建具有平战结合双重功能的城市地下空间，这些地下空间一般位于城市的繁华地带，战时作为应急避难场所，而平时以商业经营为主。这一阶段针对城市地下空间的专门法律法规，只有建设部于1997年10月27日颁布实施的《城市地下空间开发利用管理规定》属于国家部委行政法规，层次较低，缺乏权威性；1996年10月29日由全国人民代表大会常务委员会颁布《人民防空法》，但是这一法条针对的是地下防空工程，不具有全面性。三是21世纪以来，城市规模不断扩大，人口超过1000万的大都市或超大都市不断增加，为了维护城市人口增长对城市功能的需要，保障城市居民的日常生活，我国开始大规模修建集购物、交通、餐饮、休闲、娱乐等多种功能于一体的大型地下综合体，如成绵乐客运专线双流机场地下高铁站、武汉光谷中心地下城等。这一阶段关于地下空间的法律法规有2002年8月29日第九届全国人民代表大会常务委员会审议通过的《安全生产法》，对于地下空间管理算是上位法，但对地下空间管理不具有专门性。2001年11月20日建设部对1997年颁布的《城市地下空间开发利用管理规定》进行了修改，2011年1月26日进行了再次修改。其间，各省区市根据当地地下空间开发利用的实际，也做出了一些规定或规范条例。

上述法律法规只是对地下空间的开发、利用、管理做出了相关规定，但是对地下空间开发、利用、管理过程中的安全问题考虑甚少。

一 城市地下空间安全管理制度供给不足

目前关于城市地下空间安全管理制度的供给方面主要是各级各类管理法规。表8－1、表8－2列出了我国国家层面和地方层面城市地下空间的相关管理法规。

表8－1 国家层面城市地下空间相关管理法规

时间	颁布部门	法规
1989年12月26日	全国人民代表大会常务委员会	城市规划法
1990年3月8日	商业部	对外开放地下粮库管理暂行规定
1992年10月26日	公安部	公安部关于加强地下建筑消防安全工作的通知
1993年12月4日	建设部	城市地下水开发利用保护管理规定
1995年3月11日	国土资源局	确定土地所有权和使用权的若干规定
1995年12月28日	国务院办公厅	国务院办公厅关于暂停审批城市地下快速轨道交通项目的通知
1996年10月29日	全国人民代表大会常务委员会	人民防空法
1997年4月25日	国务院机关事务管理局、中央国家机关人防委员会、中共中央直属机关人防委员会、中共中央直属机关事务管理局	中央在京单位结合民用建筑修建和使用防空地下室暂行管理办法
1997年10月27日	建设部	城市地下空间开发利用管理规定
1997年11月1日	全国人民代表大会常务委员会	建筑法

续表

时间	颁布部门	法规
1998 年 8 月 29 日	全国人民代表大会常务委员会	土地管理法
1998 年 12 月 27 日	国务院	土地管理法实施条例
2001 年 11 月 20 日	建设部	城市地下空间开发利用管理规定（修正）
2003 年 6 月 3 日	建设部	关于发布行业标准《城市地下管线探测技术规程》的公告
2003 年 6 月 3 日	建设部	关于国家标准《人民防空地下室设计规范》局部修订的公告
2004 年 8 月 28 日	全国人民代表大会常务委员会	土地管理法
2005 年 1 月 7 日	建设部	城市地下管线工程档案管理办法
2005 年 12 月 23 日	财政部、国家税务总局	关于具备房屋功能的地下建筑征收房产税的通知
2006 年 12 月 31 日	建设部	城市规划编制办法
2006 年 1 月 19 日	建设部	关于对《城市地下管线工程档案管理办法》贯彻落实情况进行检查的预通知
2007 年 3 月 16 日	全国人民代表大会	物权法
2007 年 5 月 8 日	国土资源部	关于贯彻实施《中华人民共和国物权法》的通知
2007 年 10 月 28 日	全国人民代表大会常务委员会	城乡规划法
2007 年 12 月 30 日	国土资源部	土地登记办法
2008 年 2 月 15 日	建设部	房屋登记办法
2015 年 7 月 1 日	全国人民代表大会常务委员会	国家安全法

表 8－2　地方层面城市地下空间相关管理法规

省（区、市）	时间	颁布部门	法规
北京	1988 年 10 月 15 日	北京市人民政府	关于加强人行过街桥、人行地下过街通道管理的规定
	1993 年 3 月 1 日	北京市人民政府、市政管理委员会	北京市地下铁道通风亭管理规定
	1998 年 4 月 1 日	北京市人民政府	北京市人民防空工程建设与使用管理规定（2001 年 8 月 27 日和 2004 年 6 月 1 日两次修改）
	2001 年 8 月 27 日	北京市人民政府	关于加强人行过街桥、人行地下过街通道管理的规定（修改）
	2001 年 9 月 20 日	首都社会治安综合治理委员会办公室、北京市规划委员会、北京市公安局、北京市国土资源和房屋管理局、北京市人民防空办公室	北京地下空间安全专项治理整顿标准
	2004 年 11 月 23 日	北京市人民政府	北京市人民防空工程和普通地下室安全使用管理办法
	2005 年 2 月 23 日	北京市人民政府办公厅	北京市城市地下管线管理办法
	2005 年 12 月 27 日	北京市建委 北京市人防办	关于贯彻落实《北京市人民防空工程和普通地下室安全使用管理办法》的意见
	2006 年 1 月 27 日	北京市人民政府	北京市人民政府致全市人防工程、普通地下室产权单位（管理单位）、使用单位法定代表人的公开信
	2006 年 11 月 15 日	北京市民防局 北京市建设委员会 北京市安全生产监督管理局	北京市人民防空工程和普通地下室安全使用管理规范（试行）
	2007 年 6 月 15 日	北京市建设委员会	关于加强普通地下室管理和综合整治工作的通知
	2007 年 6 月 7 日	国管人防	关于开展中央国家机关地下空间综合整治工作的通知

续表

省（区、市）	时间	颁布部门	法规
北京	2003年12月26日	朝阳区人民政府	朝阳区地下空间场所管理暂行办法
	2005年5月9日	北京语言大学资产管理处	北京语言大学人防工程和地下空间安全使用管理规定
	2007年7月17日	北方工业大学	北方工业大学地下空间使用管理规定
	2009年11月5日	首都师范大学校办	首都师范大学人防工程和地下空间安全管理规定
	2006年9月	北京市规划委员会 北京市人民防空办公室 北京市城市规划设计研究院	北京地下空间规划
上海	1988年6月7日	上海市人民政府	上海市城市道路与地下管线施工管理暂行办法
	1989年7月27日	上海市人民政府	上海市城市道路与地下管线施工管理暂行办法的补充规定
	2001年1月9日	上海市人民政府	上海市城市道路与地下管线施工管理暂行办法的补充规定（修正）
	2006年7月20日	上海市人民政府	上海市城市地下空间建设用地审批和房地产登记试行规定；地下空间安全标志体系
	2009年12月9日	上海市人民政府	上海市地下空间安全使用管理办法
	2010年4月15日	上海市人民政府	上海市人民政府关于加强地下空间安全管理的通告
	2010年5月28日	上海市民防办	上海市地下空间安全使用监督检查管理规定
广东	1994年1月13日	广州市人民政府	广州市地下铁道建设管理规定
	1997年2月17日	广州市人民政府	批转市城市规划局关于进行城市地下管线工程竣工测量验收请示的通知

续表

省（区、市）	时间	颁布部门	法规
广东	1997 年 6 月 16 日	广州市人民政府	广州市地下铁道管理规定
	2000 年 8 月 17 日	广州市人民政府	广州市地下铁道保护区工程建设审批办法
	2001 年 7 月 22 日	深圳市人民政府	深圳市地下铁道建设管理暂行规定
	2002 年 11 月 8 日	汕头市规划与国土资源局	汕头市市区住宅建设项目非经营性架空层及地下车库容积率和报建费用计核暂行办法
	2008 年 2 月 29 日	广州市人民防空办公室	广州市防空地下室报建审批工作细则
	2008 年 7 月 23 日	深圳市人民政府	深圳市地下空间开发利用暂行办法
	2010 年 8 月 23 日	广州市人民政府	广州市地下空间开发利用管理办法（征求意见稿）
	2010 年 10 月 26 日	广州市人民政府	关于加强地下空间安全管理的决定
	2011 年 8 月 17 日	东莞市第十四届人民代表大会常务委员会第三十二次会议通过	东莞市地下空间开发利用管理暂行办法
	2012 年 2 月 1 日	广州市人民政府	广州市地下空间开发利用管理办法
天津	2004 年 3 月 30 日	天津市人民政府	天津市结合民用建筑修建防空地下室管理规定
	2008 年 11 月 15 日	天津市人大常委会	天津市地下空间规划管理条例
	2009 年 6 月 3 日	天津市人民政府	关于印发天津市结合民用建筑修建防空地下室管理规定的通知
	2011 年 12 月 1 日	天津市第 76 次常务会议通过	天津市地下空间信息管理办法
江苏	1985 年 2 月 13 日	南京市人民政府	南京市结合民用建筑修建防空地下室规定

续表

省（区、市）	时间	颁布部门	法规
江苏	2004 年 12 月 15 日	南京市人民政府	南京市地下管线规划管理办法
	2009 年 2 月 26 日	南京市人民政府办公厅	南京市公共娱乐场所高层及地下建筑消防安全专项整治方案
	2004 年 6 月 13 日	苏州市人民政府办公室	苏州市市区人行地下通道管理办法
	2007 年 7 月 6 日	苏州市人民政府	苏州市城市地下管线管理办法
	2007 年 11 月 29 日	镇江市人民政府	镇江市城市地下管线工程档案管理办法
	2016 年 6 月 1 日	南京市人民政府	南京市城市地下空间开发利用管理暂行办法
	2017 年 6 月 1 日	南京市人民政府	南京市城市地下综合管廊管理暂行办法
湖北	1998 年 11 月 6 日	武汉市人民政府	武汉市结合民用建筑修建防空地下室管理办法
	1999 年 11 月 6 日	武汉市人民政府武汉警备区	关于进一步加强防空地下室建设的通知
	2013 年 7 月 1 日	武汉市人民政府	武汉市地下空间开发利用管理暂行规定
福建	1990 年 8 月 21 日	厦门市人民政府	厦门市结合民用建筑修建民防地下室的暂行规定
	2004 年 7 月 22 日	厦门市人民政府	厦门市地下管线工程档案管理办法
	2008 年 9 月 11 日	厦门市人民政府办公厅	厦门市商品房人防范围内地下车位销售和办理权属登记的实施意见
	2011 年 4 月 3 日	福州市人民政府	福州市城市地下空间开发利用管理若干规定
	2011 年 5 月 18 日	厦门市人民政府办公厅	厦门市地下空间开发利用管理办法
	2014 年 2 月 16 日	福建省人民政府	福建省地下空间建设用地管理和土地登记暂行规定

续表

省（区、市）	时间	颁布部门	法规
福建	2014 年 2 月 21 日	福建省人民政府	关于加快城市地下空间开发利用的若干意见
山东	1988 年 6 月 28 日	青岛市人民政府	青岛市结合民用建筑修建防空地下室的实施办法
	1994 年 7 月 11 日	山东省人民政府办公厅	山东省省级机关结合民用建筑修建防空地下室管理办法
	2013 年 10 月 25 日	济南市人民政府	济南市城市地下空间开发利用管理办法
	2014 年 2 月 1 日	济宁市人民政府	济宁市地下空间国有建设用地使用权管理办法
浙江	2000 年 8 月 9 日	杭州市人民政府	杭州市城市地下管线工程档案管理办法
	2002 年 3 月 30 日	浙江省人民政府	浙江省土地登记办法
	2006 年 1 月 10 日	杭州市建设委员会	杭州市城市地下管线工程建设管理办法
	2006 年 1 月 10 日	杭州市建设委员会	地下管线工程竣工测量和成果备案管理规定
	2009 年 5 月 22 日	杭州市委办公厅、市政府办公厅	杭州市区地下空间建设用地管理和土地登记暂行规定
	2011 年 12 月 6 日	温州市人民政府	温州市地下空间建设用地使用权管理办法（试行）
	2011 年 12 月 21 日	杭州市人民政府	关于加强城市地下空间开发利用管理的若干意见
其他省（区、市）	1988 年 9 月 6 日	河北省邢台市人民政府	关于结合民用建筑修建防空地下室的规定
	1997 年 5 月 8 日	吉林省长春市人民政府办公厅	关于划转结合民用建筑修建防空地下室管理工作职能的通知
	1997 年 5 月 22 日	山西省人民政府	山西省结合民用建筑修建防空地下室管理规定
	1999 年 11 月 10 日	河北省人民政府	河北省结合民用建筑修建防空地下室管理规定

续表

省（区、市）	时间	颁布部门	法规
其他省（区、市）	2001年9月7日	宁夏回族自治区银川市人大常委会	银川市防空地下室建设和管理办法
	2002年9月1日	辽宁省葫芦岛市人民政府	葫芦岛市城市地下空间开发利用管理办法
	2002年10月10日	辽宁省本溪市人民政府	本溪市城市地下空间开发利用管理规定
	2002年11月18日	新疆维吾尔自治区乌鲁木齐市人民政府	乌鲁木齐市城市道路地下管线建设施工管理暂行办法
	2002年12月10日	黑龙江省人民政府	黑龙江省结合民用建筑修建防空地下室管理规定
	2003年6月12日	贵州省贵阳市人民政府	贵阳市人行地下通道管理规定
	2003年6月13日	山西省太原市人民政府	关于经济适用房旧城危房改造项目防空地下室易地建设费征收问题的通知
	2004年2月12日	广西壮族自治区物价局、财政厅、人民防空办公室	广西壮族自治区防空地下室易地建设收费管理规定
	2004年5月28日	新疆维吾尔自治区乌鲁木齐市人民政府	乌鲁木齐市结合民用建筑修建防空地下室管理规定
	2004年10月27日	湖南省长沙市人大常委会	长沙市城市地下管线工程档案管理条例
	2006年9月2日	宁夏回族自治区银川市人民政府	银川市城市地下管线规划管理办法
	2006年12月21日	云南省财政厅 云南省物价局 云南省人民防空办公室	关于调整我省防空地下室易地建设收费标准的通知
	2007年8月22日	新疆维吾尔自治区乌鲁木齐市人民政府办公厅	乌鲁木齐市地下管线工程档案管理办法
	2008年5月5日	黑龙江省哈尔滨市人民政府	哈尔滨市地铁沿线地下空间开发利用管理规定
	2008年7月1日	山西省人民政府办公厅	山西省防空地下室易地建设费收缴使用和管理办法

续表

省（区、市）	时间	颁布部门	法规
其他省（区、市）	2008 年 11 月 30 日	吉林省辽源市人民政府	辽源市城市地下空间开发利用管理规定
	2011 年 2 月 1 日	辽宁省沈阳市人民政府	沈阳市城市地下空间开发建设管理办法
	2011 年 2 月 1 日	河南省郑州市人民政府	郑州市城市地下空间开发利用管理暂行办法
	2012 年 3 月 31 日	海南省三亚市人民政府	三亚市地下空间开发利用管理办法
	2013 年 10 月 25 日	江西省南昌市人民政府	南昌市城市地下空间开发利用管理办法
	2014 年 9 月 1 日	四川省绵阳市人民政府	绵阳市地下空间开发利用管理暂行办法
	2015 年 7 月 17 日	云南省人民政府办公厅	云南省城市地下空间开发利用管理办法
	2015 年 9 月 1 日	河北省人民政府办公厅	河北省城市地下管网条例
	2015 年 11 月 11 日	河北省人民政府办公厅	关于推进城市地下综合管廊建设的实施意见

从表 8－1 及表 8－2 所列的城市地下空间相关的管理法规等来看，国家层面的有 26 部，地方层面的有 97 部，关于城市地下空间安全的只有 8 部，只占 6.5%。地下空间安全管理制度供给明显不足。

二　城市地下空间安全立法缺乏权威性

目前适用于城市地下空间安全管理的国家级法律法规有《人民防空法》《安全生产法》《物权法》等，这些都是关于城市地下空间安全管理的上位法。《人民防空法》是第一部关于城市地下空间开发利用的法规，该法规是在总结我国近 50 年人防经验的基础上，结合新时期以经济建设为中心的战略，为实现人防向民防转移、防空和防灾相结合而制定的，其颁布实施为地下空间开发利用与城市经济社会功能相结合提供了重要的法律保障。该法对地下工程的建设、人民防空的范围提出了要求，对维护管理只提出“人民防空主管部门对人民防空工程的维护管理进行监督检查，公用的人民防空工程的维护管理由人民防空主管部门负责”（《人民防空法》第二十五条）的要求，但对防空设施的安全并没有提出具体的要求。而《安全生产法》只能适用于在地下空间进行生产经营的安全问题。《物权法》只适用于地下空间权属界定方面。以上三部国家级法律在地下空间安全管理方面只能是提供借鉴或参照，都不是针对地下空间安全管理的专门性法律法规。

迄今为止，对于城市地下空间安全管理没有专门的国家立法，最高层级的只有建设部于1997年10月27日颁布实施的《城市地下空间开发利用管理规定》，其中与城市地下空间安全有关的表述只有两处，一是第十六条，“地下工程设计应满足地下空间对环境、安全和设施运行、维护等方面的使用要求，使用功能与出入口设计应与地面建设相协调”；二是第二十七条，“建设单位或使用单位在使用中要建立健全安全责任制制度，采取可行的措施，杜绝可能发生的火灾、水灾、爆炸及危害人身健康的各种污染”。2001年建设部对《城市地下空间开发利用管理规定》进行了第一次修改，2011年进行了第二次修改，将第二十七条中的“建设单位或使用单位在使用中要建立健全安全责任制度”，改为“……应当建立……”，从程度上进行了强化，但还没有达到“必须”的程度。关于安全管理的规定很笼统，可操作性较差。2016年5月25日，住房和城乡建设部颁布了《城市地下空间开发利用“十三五”规划》，指出“地下空间的开发利用在规划建设、权属登记、工程质量和安全使用等方面的制度尚不健全”。由此可见，针对城市地下空间安全管理缺乏专门的法律法规，现有的各级政府、各有关部门颁布的地下空间安全管理规定法律位阶较低，可操作性较差，缺乏权威性。

三　城市地下空间安全监管制度缺失

城市地下空间的安全管制属于社会性管制的范畴，社会性管制是“以保障劳动者和消费者的安全、健康、卫生、环境保护、防止灾害为目的，对产品和服务的质量和伴随着提供它们而产生的各种活动制定一定标准，并禁止、限制特定行为的管制”[193]。目前关于城市地下空间安全管制的制度供给方面主要是各级各类管理法规。这些规定或条例没有统一的地下空间安全管理标准，并且制度碎片化，没有形成监管制度体系，也没有专门的地下空间安全监管机构，针对地下空间安全管制机构的约束制度基本处于空白状态。

四　城市地下空间安全管理制度缺失

目前，我国的城市地下空间以开发利用为主，更注重城市地下空间建成后所带来的经济效益，对于在经营过程中出现的安全问题重视不足。调研发现，目前我国城市地下空间安全管理制度体系尚未健全，没有成熟的安全管理模式安排，制度定位模糊，各单位、各部门之间制度协调性差，企业重视程度不够，日常安全管理制度还不完善，缺乏应急安全管理制度，尚未进行全面、系统的信息系统集成化安全管理。

五　城市地下空间安全监督制度缺失

城市地下空间安全涉及众多的利益相关者，包括政府、市政管理者、地下空间经营企业及其员工、地下空间租户、地下空间消费者及周边居民、社会组织等。政府和市政管理者对地下空间安全负有监管责任，其他利益相关者对地下空间安全负有监督责任。但是对于地下空间的安全问题，缺乏有效的监督机制和监督渠道，从经营企业、租户、消费者、社会组织层面并没有相关的监督机制和相应的制度规范。比如消费者，作为地下空间安全直接的利益相关者，来到地下空间，以购物、休闲为主，缺乏安全的消费观念，安全消费还没有深入人心。同时，消费者只知道自己消费的产品出现质量问题，可以找消费者协会，如果在消费过程中出现安全问题，比如在地下空间中购物时出现火灾，人身财产安全受到损失，却不知道该向哪个部门求助。

第二节　城市地下空间安全的利益相关者分析

城市地下空间由于地理位置独特、经营项目众多，其安全管理涉及城市管理的许多方面。比如购物中心涉及经营安全问题；停车场、交通环廊涉及交通安全问题；燃气、电力、通信、供水、垃圾处理等涉及市政设施安全问题等等。安全管理涉及的项目类型复杂、部门众多，因此明确安全管理各方的责任，是制度设计的根本。

利益相关者是指“能影响组织行为、决策、政策、活动或目标的人或团体，或是受组织行为、决策、政策、活动或目标影响的人或团体”[194]。根据利益相关者的含义分析城市地下空间（以大型地下综合体为例）安全的利益相关者，其中能影响地下空间安全的人或团体主要有政府、经营企业、租户、企业合作方、市政设施管理者、消费者等；受到地下空间安全影响的人或团体除了政府、经营企业、租户、员工、企业合作方、市政设施管理者、消费者、相连区域企业外，还有一定范围内的地面空间经营企业、居民、行人等其关系可用图 8 - 1 表示。

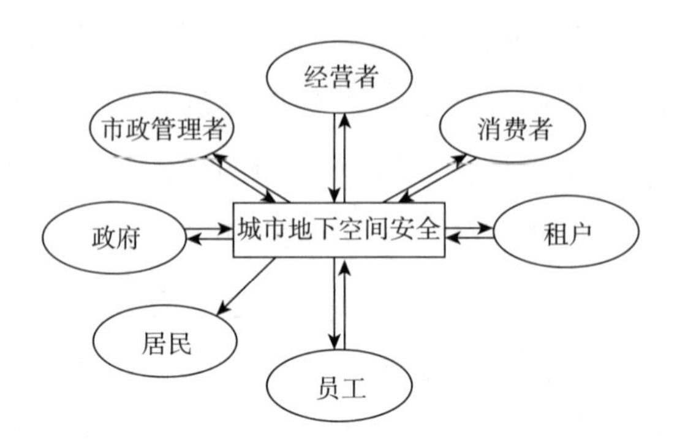

图 8－1　城市地下空间安全利益相关者

一　政府

政府作为城市的管理者对地下空间安全负有重要的监管责任，政府对地下空间经营企业的安全监管，直接影响经营企业的安全投入和安全管理，从而影响地下空间的安全；同时地下空间如果发生重大安全事故，也会严重影响政府的公信力和政府在市民心中的威望。因此政府是地下空间安全的主要利益相关者。

二　经营企业

经营企业作为城市地下空间的经营者，以追求经济利益最大化为目标，而安全是影响经济利益最大化的重要因素，经营企业的安全投入和安全管理直接影响城市地下空间安全运营；同样，地下空间的重大安全事故对经营企业的影响也是最大和最直接的。因此经营企业也是城市地下空间安全的主要利益相关者。

三　员工

城市地下空间经营企业的员工是地下空间安全管理的主体，也是安全事故影响的主要客体。员工对设施、设备的安全操作及其行为安全，直接关系到整个地下空间的安全，员工的不当行为同样也是造成地下空间事故的重要因素之一。

四 租户

城市地下空间的经营者将地下空间出租，用于商业、娱乐、购物等，租户在承租部分空间后进行经营。租户对安全设施的投入及其行为安全也将影响整个地下空间的安全；同时地下空间的安全或事故反过来也会影响租户的安全经营。

五 市政管理者

城市地下空间功能众多，地下交通、地下停车、地下管线、地下垃圾处理等市政设施也是安全管理的重点，而这些市政设施的安全不仅受到地下空间经营企业的管理，还会受到市政管理部门的管理，如地下交通环廊，由地下空间经营企业管理，同时受到市政交通部门管理，需要遵守交通规则，如果违反，也会受到相应的处罚。而地下管线设施（如电力、通信、热力、燃气等）也同时由相应的管理部门管理。因此，市政管理者对地下空间的安全负有一定的责任，同时地下空间的安全事故也会影响市政管理者的职位升迁等。

六 消费者

消费者是城市地下空间经营活动的直接参与者，无论是地铁、地下购物中心，还是餐饮、娱乐，消费者都是地下空间中的活动主体，消费者的不安全行为可能会导致地下空间的安全事故，造成地下空间的重大经济、财产、人员损失；同时消费者又是地下空间安全事故的直接受害者。

七 居民

城市地下空间一般位于城市的繁华地带和交通枢纽地区，特殊的地理位置使得地下空间的安全至关重要，一旦发生安全事故，在与地下空间相连的地面空间一定范围内，居民、行人、经营企业都会受到重大影响。

第三节　城市地下空间安全管理的委托代理分析

委托代理从法律上讲，是指 A 授权 B 从事某种活动，A 被称为委托人，B 被称为代理人。经济学上的委托代理指任何一种涉及非对称信息的交易，有信息优势的一方称为代理人，另一方称为委托人。[195]管理学上的委托代理是指一项具有公共物品特性的任务或活动不能由单独的个人或企业来完成，而这项任务或活动可能会影响与该主体无关的第三方，这时就需要将部分管理责任委托给其他利益相关者，委托代理关系由此形成。

城市地下空间的安全管理涉及多个利益相关主体，如市民（消费者）、政府（中央政府、地方政府）、城市地下空间经营企业、地下空间租户、市政管理者等，这些利益相关主体在地下空间安全管理中的责任不同，从委托代理视角分析，可以分为以下几个层次：一是市民对政府的委托，此时市民是委托人，政府是代理人；二是政府对经营企业的委托，此时政府是委托人，经营企业是代理人；三是经营企业对租户的委托，此时经营企业是委托人，租户是代理人。在城市地下空间安全管理这一委托代理链中，政府、经营企业具有双重身份，既是委托人，又是代理人。

图 8－2 显示了城市地下空间安全管理中的三级委托代理关系，实际上每一级委托代理中还可以细分，如在市民对政府的委托代理中，政府这一角色就包括中央政府、地方政府和政府安全管制机构，应为市民→中央政府→地方政府→政府安全管制机构，即代理人之间还存在委托代理关系，为了分析方便，本文将这一关系简化为市

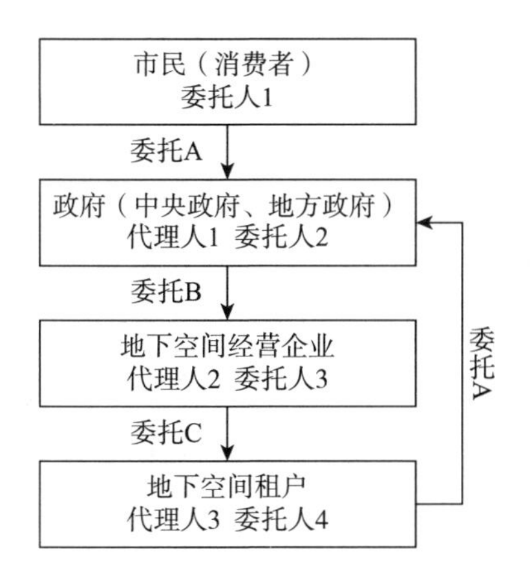

图 8－2 城市地下空间安全管理中的三级委托代理关系

民→政府的委托代理关系。在政府对经营企业的委托代理关系中，代理人应为产权所有者和经营企业，有时二者合而为一，有时也存在产权所有者对经营企业的委托代理，同样为了分析方便，也将这一级委托代理简化为政府→经营企业的委托代理关系。在经营企业对租户的委托代理中，租户的数量众多，类型也不同，但将其统一视为租户。同样也存在经营企业对员工的委托代理，租户对雇员的委托代理等。其实，城市地下空间安全管理的委托代理还存在政府对市政管理者的委托代理，市政管理者对经营企业的委托代理，为了分析方便，将其简化为上述三级委托代理关系。

一 城市地下空间安全管理中的市民——委托人与消费者

市民作为城市地下空间安全的主要利益相关者，是地下空间安全的直接受益者，同时也是地下空间安全事故的直接受害者。市民在城市地下空间安全的提供、生产、消费上具有双重身份，既是城市地下空间安全的终极委托人，同时又是地下空间安全的最终消费者。作为委托人的市民从地下空间安全中获得的利益具有公共性，是一种集体利益。作为消费者的市民虽然群体庞大，但组织松散、缺乏统一的领导，难以形成统一的利益整体。在进入城市地下空间后如果发生安全问题，市民只能以个体的方式与相关经营企业、政府、或其他利益相关者进行交涉，因此始终处于弱势地位。

城市地下空间的安全供给，可以为市民创造良好的购物、休闲娱乐环境，同时为地下空间周边的居民提供安全的生活保障。而市民监督或督促政府监管地下空间安全需要掌握充分的企业信息以及政府监管信息，这对市民（或消费者）来说存在较大的困难。信息的不对称以及城市地下空间安全消费的非排他性，使得市民（作为消费者）只能将保障城市地下空间安全的责任委托给政府。

二 城市地下空间安全管理中的政府——代理人与委托人

安全作为一种公共物品，由政府提供。作为市民代理人的政府，代表着广大消费者的利益，但政府与消费者的利益诉求不可能完全一致，即政府有其自身的利益诉求，消费者无法监督政府履行职责，或监督成本太高，政府作为具有信息优势的代理人可能会存在道德风险。

城市地下空间安全是伴随着地下空间经营企业的经营活动而产生的，因其安全生产的特殊性，政府无法直接提供，只能将提供城市地下空间安全的责任委托给地下空间的经营企业，这时政府扮演委托人角色，同时政府可以利用其强制力监督地下空间经营企业的安全经营状况，评估其提供的地下空间安全，并采取一系列激励或惩罚措施，以督促地下空间经营企业提供地下空间安全。

三 城市地下空间安全管理中的经营企业——委托人与代理人

城市地下空间安全运营，取决于地下空间经营企业对安全投入和安全管理的重视，因此，经营企业是地下空间安全的直接提供者。

但经营企业作为理性经济人，往往以经济利益最大化为自己的追求目标，在资金有限的情况下，其可能会将资金投入经营项目方面，从而减少安全方面的投资。安全投入不足、安全管理不到位，可能会导致在地下空间的运营过程中发生安全事故，直接影响经营企业，同时还会产生巨大的负外部性，造成负面的社会影响。

经营企业受政府委托提供地下空间的安全运营，成为这一委托代理关系中的代理人，经营企业具有信息优势，即对地下空间的安全设施、设备、安全管理人员状况等与安全有关的信息更加了解，此时作为代理人的经营企业就可能会产生道德风险问题。为了避免道德风险，政府需要对城市地下空间经营企业进行安全管制。

经营企业在获得地下空间的经营权之后，一般会把地下空间按照不同用途进行出租，如部分以商业经营为主，出租给超市、服装专卖、食品零售、餐饮或停车场等各种不同的租户，以获取租金收益。同时将地下空间安全也相应委托给租户，要求租户在其经营范围内提供空间安全，这时的地下空间经营企业扮演委托人的角色，对于租户的安全信息处于劣势地位。

安全事故发生的不确定性可能会导致经营企业产生侥幸心理，即进行较高的安全投入，不一定就不发生安全事故，只能减少安全事故发生的概率；不进行安全投入，或安全投入不达标，不一定就会发生安全事故，但会增大安全事故发生的概率。在以追求经济利益最大化为目标的经营企业中，在资金有限的情况下，他们可能会减少在安全管理方面的投资。但是，这样做可能会埋下事故隐患，最终导致安全事故。

四　城市地下空间安全管理中的租户——代理人与委托人

租户在进入地下空间以后，同样对自己经营范围内的空间安全负有责任，地下空间经营企业将这部分空间的安全责任委托给租户，租户成为自己经营空间安全的代理人。作为代理人的租户对自己的安全投入、安全行为具有信息优势。由于地下空间经营企业往往把空间分割出租，租户众多，作为“理性经济人”的租户，同样以利益最大化为目标，由于资金有限，可能会产生“搭便车”的心理，即希望别的租户进行安全投入，而自己从中受益，如果所有租户这样想，结果就是没有人进行安全投入，这样就增大了地下空间的安全风险。

租户同时也是消费者，他们长期身处地下空间，比一般的消费者更需要安全的地下空间经营环境，作为消费者，其同样会将提供地下空间安全的责任委托给政府，因此他们也具有代理人和委托人的双重身份。

第四节　委托代理视角下的城市地下空间安全管理博弈分析

在城市地下空间安全管理的多重委托代理关系中，委托人与代理人之间存在信息不对称，委托人无法完全监督代理人，只能观察到代理人工作的成果，即地下空间安全或不安全；代理人的工作成果具有不确定性，即代理人努力工作，只能增大地下空间的安全概率，却不能保证地下空间绝对安全，也就是说，代理人的工作结果并不是其努力程度的确定性函数。因此，代理人在提供城市地下空间安全方面可能会存在道德风险问题。

一　博弈基本模型

在图 8 -2 列出的三级委托代理关系中，每一级都有一个三阶段动态博弈。

第一阶段：委托人选择委托或是不委托。如果委托人选择委托，即向代理人提出要求，要求代理人提供城市地下空间安全；如果委托人选择不委托，则无法得到代理人的服务。

第二阶段：代理人选择接受委托或不接受委托。如果代理人不接受委托，则委托代理关系终止；如果代理人接受委托，则代理人就存在按照与委托人的合约努力工作。

第三阶段：代理人可以选择努力工作，即按照委托人的要求，努力提供城市地下空间安全，最大化委托人的利益；代理人也可以选择不努力工作，即将资金投入其他方面，最大化自己的效益。

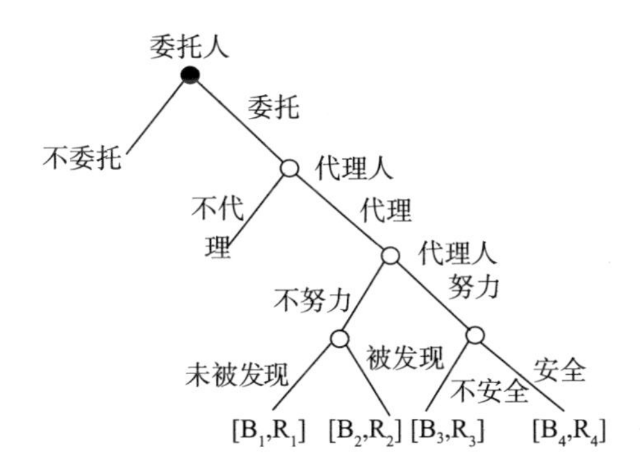

图 8-3　城市地下空间安全管理中的委托代理模型

城市地下空间安全管理中的委托代理模型如图 8-3 所示。以 B_i（$i=1$，2，3，4）表示不同情况下委托人的得益，R_i（$i=1$，2，3，4）表示不同情况下代理人的得益；w 表示委托人对代理人的支付；e 表示代理人的努力程度；x 表示委托人在代理人接受或不接受合约的情况下得到的收益，显然 x 是一个随机变量，它既取决于代理人的努力程度，又取决于随机因素。用 X 表示所有可能的结果的集合，并假定结果有限，即 $X=(x_1, x_2, \cdots x_n)$；用 p 表示在代理人努力 e 下 x_i 发生的条件概率，记为 $p_i(e) = \mathrm{Prob}[x = x_i | e]$，($i=1$，2，…，$n$)，显然 $p_i(e) > 0$，且 $\sum_{i=1}^{n} p_i(e) = 1$。

用 $B(\cdot)$ 表示委托人偏好的效用函数，并假定委托人是风险中性的或风险规避的，则 B 是凸性递增函数：$B' > 0$，$B'' < 0$，此时委托人的效用函数为：$B(x-w)$。

假定代理人的偏好可以用可加可分函数描述（代理人的风险规避态度不随其努力而改变），代理人的效用函数可表示为：$U(w,e) = u(w) - v(e)$。同样，假定代理人具有风险中性或风险规避特征，$u(w)$ 是凸函数：$u'(w) > 0$，$u''(w) < 0$；用 v 指代代理人努力条件下的负效用，代理人越努力，负效用越大，假定努力的边际负效用不减，则 $v'(e) > 0$，$v''(e) > 0$。

假定 1：委托人可以观察到代理人的努力程度，并对其进行奖惩。此时，委托人可以设计“强制合约”：如果代理人选择努力水平 e^*，则委托人对代理人进行支付 w^*；如果代理人努力水平低于 e^*，则委托人选择支付 w（$< w^*$）。此时作为理性代理人一定选择 e^*，这时的帕累托有效解就是下面问题的解：

$$\max_{e, w(x_i)} \sum_{i=1}^{n} p_i(e) B[x_i - w(x_i)]$$

$$s.t \sum_{i=1}^{n} p_i(e) u[w(x_i)] - v(e) \geqslant U_0 \tag{8-1}$$

假定 2：代理人的努力是不能被委托人观察到的，即使可以观察也是不可证实的，此时在信息不对称情况下，代理人容易产生道德风险。委托人不能再使用“强制合约”，只能使用“激励合约”，来诱使代理人选择其希望的行动。这时的委托代理模型为在式（8-1）的基础上，增加一个激励相容的约束条件，即代理人要为选择最大化自己的目标而努力：

$$e \in \arg\max_{e} \left\{ \sum_{i=1}^{n} p_i(e) u[w(x_i)] - v(e) \right\} \tag{8-2}$$

在上述模型中，双方的得益函数是代理人工作结果的函数，而不是代理人努力程度的函数；在博弈最后阶段，委托人的得益，不一定是针对代理人的两种选择的必然结果，而可能是随机因素影响的结果。

委托代理模型主要解决的是在不确定性因素影响的情况下，委托人在什么情况下选择委托（委托得益大于 0 时选择委托，否则不委托）；在选择委托的情况下，委托人如何督促代理人努力工作的激励相容约束（代理人选择努力工作的得益大于不努力工作的得益时，便选择努力，否则选择不努力），以及代理人是否接受委托的参与约束（代理人接受委托时其得益大于机会成本）。

二　第一级委托代理——市民与政府

在城市地下空间安全的委托代理模型中，市民作为终极委托人，将城市地下空间的安全委托给政府来提供，目的是依靠政府的公权力来实现公民以个体力量无法得到的公共利益。这时，政府与市民之间便形成了一种契约关系，但这是以公共事务治理权限为对象的委托—代理关系，并随之赋予政府维护社会秩序、保护公民权利、供给公共产品的公共服务责任。[196]

为了便于说明问题，将上述博弈模型简化为代理人只有两种可能的努力水平：$e \in \{e^H, e^L\}$，在两种努力水平下获得结果 x_i 的概率为 $p_i^H = p_i(e^H)$ 和 $p_i^L = p_i(e^L)$，且有 $v(e^H) > v(e^L)$，即高努力工作的负效用大于低努力工作的负效用。

显然在市民对政府的委托中，需要政府积极选择高努力水平 e^H 提供城市地下空间安全，此时需要委托人市民设立一个与产出结果相联系的合约，满足激励相容条件，使政府的高努力水平相对于低努力水平获得的预期效用增加大于其负效用（成本）的增加。此时有：

$$\sum_{i=1}^{n} [p_i^H - p_i^L] u[w(x_i)] \geqslant v(e^H) - v(e^L) \qquad (8-3)$$

式（8－3）为委托人市民对代理人政府的激励约束，即政府选择提供城市地下空间安全的得益大于不提供城市地下空间安全得益，此时政府选择按照市民的意愿提供城市地下空间安全。

在代理人政府选择按照市民意愿提供城市地下空间安全的情况下，逆推到上一阶段，当 $\sum_{i=1}^{n} p_i^H u[w(x_i)] - v(e^H) \geqslant U_0$，即政府接受市民委托提供城市地下空间安全的期望得益大于不接受委托时的得益，这时政府就会接受市民的委托，此式为市民对政府委托代理关系的参与约束。

在政府接受市民的委托，并选择高努力水平提供城市地下空间安全的情况下，再逆推到第一阶段，此时，市民的期望得益为 $\max_{w(x_i)} \sum_{i=1}^{n} p_i^H [x_i - w(x_i)]$，假定市民是风险中性的，此时只要 $\sum_{i=1}^{n} p_i^H [x_i - w(x_i)] > 0$，市民就会选择将城市地下空间安全委托给政府来提供。

城市地下空间安全具有公共物品的属性，一方面在公共物品的提供方面政府具有不可推卸的责任，另一方面城市地下空间安全难以通过市民个体的监督来实现，只能通过委托政府，利用政府公权力的强制性来实现。也就是说，在市民对政府的委托代理关系中，存在一种必然因素，因此，主要是激励相容约束。

在上述激励相容约束 $\sum_{i=1}^{n} [p_i^H - p_i^L] u[w(x_i)] \geqslant v(e^H) - v(e^L)$ 中，关键是设定 $w(x_i)$，$v(e)$ 的值。但代理人政府接受市民委托所得到的报酬 $w(x_i)$ 无法货币化，主要是市民对政府的支持、信任以及政府官员在连任选举时市民的选票等，而政府在接受市民委托后产生的机会成本很大，仅从经济效益最大化的角度考虑，政府会产生不作为的行为，可能会导致城市地下空间安全供给不足。然而，政府是社会利益的代表，从其承担的社会责任来看，政府必须积极提供城市地下空间安全。

三 第二级委托代理——政府与经营企业

在第一级委托代理关系中，政府接受市民的委托，作为代理人提供城市地下空间安全。然而城市地下空间安全问题是伴随着经营企业的经营活动而产生的，政府无法直接提供，只能委托给经营企业来提供。经营企业在取得地下空间的经营权之后，利用地下空间的有利地形和良好区位，进行商业经营，如经营餐饮、娱乐、购物等项目，以获得经济效益；也可以通过出租地下空间来获得租金收益。安全事故一旦发生，首先影响的就是经营企业，因此在政府委托经营企业提供城市地下空间安全时，经营企业存在积极的动机提供城市地下空间安全。

假定代理人经营企业努力的概率函数为：

$$p_i(e) = ep_i^H + (1-e)p_i^L \tag{8-4}$$

即经营企业的努力介于 e^H 和 e^L 之间，代理人经营企业可能会采取随机的混合策略，e 越大，这一概率越接近于 e^H 。代理人经营企业努力的预期效用函数可表示成：

$$\begin{aligned} EU(e) &= \sum_{i=1}^{n} [ep_i^H + (1-e)p_i^L]u[w(x_i)] - v(e) \\ &= \sum_{i=1}^{n} p_i^L u[w(x_i)] + e\sum_{i=1}^{n}(p_i^H - p_i^L)u[w(x_i)] - v(e) \end{aligned} \tag{8-5}$$

努力水平满足激励相容约束，当且仅当满足一阶条件：

$$\sum_{i=1}^{n}(p_i^H - p_i^L)u[w(x_i)] = v'(e) \tag{8-6}$$

委托人政府设计的合约必须满足：

$$\max_{e,w(x_i)} \sum_{i=1}^{n} [ep_i^H + (1-e)p_i^L][x_i - w(x_i)] \tag{8-7}$$

$$\sum_{i=1}^{n} [ep_i^H + (1-e)p_i^L]u[w(x_i)] - v(e) \geqslant U_0 \tag{8-8}$$

$$\sum_{i=1}^{n} (p_i^H - p_i^L)u[w(x_i)] - v'(e) = 0 \tag{8-9}$$

设 λ,μ 分别为参与约束和激励约束相应的乘数，此时的拉格朗日方程为：

$$\begin{aligned} L(w(x_i),\lambda,\mu) = & \sum_{i=1}^{n} [ep_i^H + (1-e)p_i^L][x_i - w(x_i)] \\ & + \lambda \left\{ \sum_{i=1}^{n} [ep_i^H + (1-e)p_i^L]u[w(x_i)] - v(e) - U_0 \right\} \\ & + \mu \left\{ \sum_{i=1}^{n} (p_i^H - p_i^L)u[w(x_i)] - v'(e) \right\} \end{aligned} \tag{8-10}$$

将拉格朗日方程对 $w(x_i)$ 求导，对所有的 $i = 1,2,\cdots,n$ ，其一阶条件为：

$$ep_i^H + (1-e)p_i^L + \lambda[ep_i^H + (1-e)p_i^L]u'[w(x_i)] + \mu[p_i^H - p_i^L]u'[w(x_i)] = 0$$

将上式简化为：

$$\frac{1}{u'[w(x_i)]} = \lambda + \mu\left[\frac{p_i^H - p_i^L}{ep_i^H + (1-e)p_i^L}\right] \tag{8-11}$$

上式中的 $\mu \neq 0$ ，当 $\mu > 0$ 时，意味着代理人存在道德风险，委托人对代理人的支付需根据所获得的结果做出变动。如果 p_i^L/p_i^H 关于 i 递减，式（8－11）右端表达式关于代理人的努力结果递增，此时，委托人对代理人的支付较高。因此，委托人必须依据代理人的努力结果对代理人进行支付，才能激励代理人。

对城市地下空间安全而言，委托人政府需要对代理人经营企业设计相应的激励措施，以激励代理人经营企业增大安全投入，加强安全管理，从而保证城市地下空间的安全。

经营企业在取得城市地下空间的经营权后，受政府委托，在生产经营过程中提供城市地下空间安全。安全的经营环境也是经营企业的需要，所以经营企业无论从自身利益出发还是从政府要求考虑都会接受提供城市地下空间安全的责任。

四　第三级委托代理——经营企业与租户

（一）租户在进入地下空间之前与经营企业的博弈分析

以大型城市地下综合体为例，地下空间经营企业在取得经营权之后，一般会把地下空间按照空间用途进行出租，用于购物、娱乐、停车等商业用途，从而获得租金收益。城市地下空间由于优越的地理位置和区位优势，也会吸引广大租户到地下空间进行商业经营。地下空间经营企业若能提供安全的经营场所，则会增大对租户的吸引力，从而增加其租金收益；相反，如果地下空间经营企业安全不达标，则会影响其空间的出租率，从而影响其租金收益。因此在地下空间经营企业与租户之间就形成了一个博弈链条。假定地下空间经营企业与租户的信息是充分对称的，地下空间经营企业的策略选择为安全达标和安全不达标；租户的策略选择为承租和不承租。

假设1：地下空间经营企业安全达标所需要的安全投入和安全管理成本为 C ，安全达标的概率为 p_1 ，则安全不达标的概率为 $1-p_1$ ；安全达标所获得的社会信誉收益为 G_e ，安全不达标产生的信誉损失为 G_e' 。

假设2：地下空间租户承租付出的租金为 R ，选择承租的概率为 p_2 ，则不承租的概率为 $1-p_2$ 。在地下空间安全达标时，租户承租后会获得安全收益 G_r ，在地下空间安全不达标时，租户选择承租，可能承担的安全损失为 G_r' ，显然 $G_r' > G_r$ 。此时相应的博弈支付矩阵如表 8 - 3 所示。

表 8 - 3　地下空间经营企业与租户间的博弈支付矩阵（1）

策略选择		租户	
		承租	不承租
经营企业	安全达标	$R - C + G_e$，$G_r - R$	$-C$，0
	安全不达标	$R - G_e'$，$-(R + G_r')$	0，0

由上述博弈支付矩阵可知，城市地下空间经营企业与租户间的博弈是混合博弈，用 U_e 和 U_r 分别表示地下空间经营企业和租户的期望效用函数，下文分析城市地下空间经营企业和租户的期望效用。

$$U_e = p_1[p_2(R - C + G_e) + (1 - p_2)(-C)] + (1 - p_1)[p_2(R - G_e') + (1 - p_2) \times 0]$$
$$= p_1[p_2(G_e + G_e') - C] + p_2(R - G_e')$$
$$U_r = p_2[p_1(G_r - R) - (1 - p_1)(R + G_r')] + (1 - p_2)[p_1 \times 0 + (1 - p_1) \times 0]$$
$$= p_2[-R - G_r' + p_1(G_r + G_r')]$$

对前述效用函数分别求偏导，并且令 $\frac{\partial U_e}{\partial p_1} = 0$，$\frac{\partial U_r}{\partial p_2} = 0$，得

$$p_2^* = \frac{C}{G_e + G_e'} \qquad p_1^* = \frac{R + G_r'}{G_r + G_r'} \tag{8-12}$$

上述博弈模型的混合策略纳什均衡是：$p_1^* = \frac{R + G_r'}{G_r + G_r'}$，$p_2^* = \frac{C}{G_e + G_e'}$，即城市地下空间经营企业以 $\frac{R + G_r'}{G_r + G_r'}$ 的概率进行安全投资，租户以 $\frac{C}{G_e + G_e'}$ 的概率选择承租。

①地下空间经营企业进行安全投资的概率和空间出租的租金 R、租户获得的安全收益 G_r 以及因安全不达标所受到的损失 G_r' 有关。在

租金 R 一定的条件下，租户获得的安全收益 G_r 越大，地下空间经营企业进行安全投资的概率越小；在租户获得的安全收益 G_r 一定的条件下，租金 R 越高，地下空间管理企业进行安全投资的概率越大。

②租户选择承租的概率取决于地下空间经营企业安全投入的成本 C 、地下空间经营企业安全投入获得的社会信誉收益 G_e 以及安全不达标导致的信誉损失 G'_e 等因素。在安全投入成本 C 固定的条件下，地下空间经营企业安全投入获得的社会信誉收益 G_e 以及安全不达标导致的信誉损失 G'_e 越大，租户承租的概率越小；在地下空间经营企业安全投入获得的社会信誉收益 G_e 以及安全不达标导致的信誉损失 G'_e 一定的条件下，地下空间经营企业安全投入成本 C 越大，租户承租的概率越大。

③如果地下空间经营企业安全达标的概率大于 $\frac{R + G'_r}{G_r + G'_r}$，租户的最优选择是承租；如果地下空间经营企业安全达标的概率小于 $\frac{R + G'_r}{G_r + G'_r}$，则租户的最优选择是不承租；如果地下空间经营企业安全达标的概率等于 $\frac{R + G'_r}{G_r + G'_r}$，则租户可以随机选择承租或不承租。

④如果租户选择承租的概率大于 $\frac{C}{G_e + G'_e}$，那么地下空间经营企业的最优选择是安全达标，从而进行安全投资；如果租户选择承租的概率小于 $\frac{C}{G_e + G'_e}$，那么地下空间经营企业的最优选择是安全不达标，即不进行安全投资；如果租户选择承租的概率等于 $\frac{C}{G_e + G'_e}$，那么地下空间经营企业的随机选择是安全达标或安全不达标，从而可以进行安全投资或不进行安全投资。

以上分析是在将安全作为租户承租的重要因素的前提下做出的，

然而现实中，租户承租考虑的首要因素是地理区位、租金以及顾客的流通度等，安全往往不作为其重要因素或根本就没有考虑安全问题，这也必然导致地下空间经营企业或安全投入较低，或忽视安全管理，从而增大了城市地下空间安全事故发生的概率。

（二）租户在进入地下空间之后与经营企业的博弈分析

租户在承租城市地下空间之后，对地下空间的安全特别是租户所租空间的安全负有首要责任。经营企业在出租地下空间的同时，将安全责任委托给租户，于是在经营企业与租户之间产生了委托代理关系。

在这一委托代理关系中，由于城市地下空间租户众多，每个租户都存在机会主义倾向，即希望别的租户进行安全投入，而自己坐享其成；或由于资金的限制，租户将有限的资金投入经营项目中，获取经济利益；或由于安全观念淡薄，租户认为一般不会发生安全事故，导致安全投入不足等。

假定只有一个租户，租户有两种选择：进行安全投入和不进行安全投入；进行安全投入的成本为 C_t ，安全投入的收益为 R_t ，不进行安全投入的收益为 R_t' ，$R_t' < R_t$ ；若租户不进行安全投入被经营企业发现的罚金为 F_t ；租户进行安全投入的概率为 p_t ，则不进行安全投入的概率为 $1 - p_t$ 。

假定经营企业也有两种选择：监督或不监督；监督的成本为 C_e ，监督的概率为 p_e ，则不监督的概率为 $1 - p_e$ 。这时经营企业与租户的博弈支付矩阵如表 8 -4 所示。

表 8 -4　地下空间经营企业与租户间的博弈支付矩阵（2）

策略选择		租户	
		安全投入	不投入
经营企业	监督	$-C_e$, $R_t - C_t$	$F_t - C_e$, $R_t' - F_t$
	不监督	0, $R_t - C_t$	0, R_t'

上述博弈是混合博弈，分别用 U_e 和 U_t 表示地下空间经营企业和租户的期望效用函数，下文分析城市地下空间经营企业和租户的期望效用。

$$U_e = p_e[p_t(-C_e) + (1-p_t)(F_t - C_e)] + (1-p_e)[p_t \times 0 + (1-p_t) \times 0]$$
$$= p_e(F_t - C_e - p_t F_t)$$
$$U_t = p_t[p_e(R_t - C_t) + (1-p_e)(R_t - C_t)] + (1-p_t)[p_e(R_t' - F_t) + (1-p_e)R_t']$$
$$= p_t(R_t - C_t + p_e F_t - R_t') + R_t' - p_e F_t$$

对上述效用函数分别求导数，并且令 $\frac{\partial U_e}{\partial p_e} = 0$，$\frac{\partial U_t}{\partial p_t} = 0$，得

$$p_t^* = 1 - \frac{C_e}{F_t}，p_e^* = \frac{R_t' - (R_t - C_t)}{F_t} \tag{8-13}$$

上述博弈模型的混合策略纳什均衡是：$p_e^* = \frac{R_t' - (R_t - C_t)}{F_t}$和 $p_t^* = 1 - \frac{C_e}{F_t}$，即城市地下空间经营企业以概率 $p_e^* = \frac{R_t' - (R_t - C_t)}{F_t}$对租户进行监督，租户以概率 $p_t^* = 1 - \frac{C_e}{F_t}$进行安全投入。

①地下空间经营企业对租户进行监督的概率 $p_e^* = \frac{R_t' - (R_t - C_t)}{F_t}$和经营企业自己对空间安全的投资、租户的安全投入 C_t 以及租户不进行安全投入的罚款 F_t 有关。租户在进行安全投入和不进行安全投入时产生的安全收益差 $R_t - R_t'$ 即为经营企业的安全投资效益；在经营企业安全投资一定的情况下，如果租户不进行安全投入的罚款 F_t 一定，则经营企业对租户进行监督的概率取决于租户的安全投入 C_t，租户的安全投入 C_t 越大，经营企业进行监督的概率越小。

② 租户进行安全投入的概率 $p_t^* = 1 - \frac{C_e}{F_t}$取决于经营企业的安全

投入 C_e 以及租户不进行安全投入时经营企业对租户的罚款 F_t。在罚款 F_t 一定的条件下，经营企业的安全投入 C_e 越大，租户进行安全投入的概率越小；在经营企业的安全投入 C_e 一定的情况下，罚款 F_t 越大，租户进行安全投入的概率越大。

而在实际生活中，租户往往不止一个，每一个租户都受到资金的约束，将安全投资寄希望于其他租户，如果其他租户都进行安全投资，则不进行安全投资的租户就可以通过“搭便车”来增大自己的安全收益。下文以两个租户为例，来分析租户存在的道德风险问题。

假定某城市地下空间有 n 个租户，但只有两个租户进行安全投入，分别是租户 1 和租户 2，他们对于城市地下空间安全都有两种选择：进行安全投入和不进行安全投入。如果两租户同时进行安全投入，安全成本为 C，则每人需要支付 $C/2$ 的成本，两租户的收益为总福利 R 的 $1/n$，即 R/n；若都不进行安全投入，则各自的收益为 0。此时两租户的博弈矩阵如表 8－5 所示。

表 8－5　城市地下空间租户间的博弈矩阵

策略选择		租户 2	
		安全投入	不投入
租户 1	安全投入	$R/n - C/2$，$R/n - C/2$	$R/n - C$，R/n
	不投入	R/n，$R/n - C$	0，0

上述博弈模型中，如果租户 1 积极进行安全投入，此时其安全得益是 $R/n - C/2$，则租户 2 的占优策略选择是不进行安全投入，其安全得益是 R/n，显然 $R/n > R/n - C/2$；如果租户 2 积极进行安全投入，则租户 1 的占优策略选择也是不进行安全投入，那么对于租户 2 来说，不管租户 1 采取什么策略，其占优策略都是不进行安全投入；同样对于租户 1 来说，不论租户 2 采取什么策略，其占优策

略也是不进行安全投入。因此，此博弈的纳什均衡为：（不投入，不投入），即双方都不会主动地进行城市地下空间的安全投入。这是典型的“囚徒困境”，其纳什均衡显然不是顾及团体利益的帕累托最优解决方案，即个人理性导致了集体非理性，每个人从自己的效益最大化出发进行选择，却导致了各自效益最差的结果。由此可见，对租户来说，不进行安全投入是其最优策略。

第五节　城市地下空间安全管理的制度设计

一　国家立法层面的制度设计

从国家立法层面看，在现有的城市地下空间管理制度《人民防空法》和《安全生产法》、《物权法》等的基础上，设立专门针对城市地下空间安全的《城市地下空间安全法》，从立法的角度规范城市地下空间安全管理，完善《城市地下空间安全管理规定》，从地下空间规划、设计、施工到运行，明确城市地下空间各阶段安全的技术标准、制度标准、管理模式及安全预警系统标准，使政府对城市地下空间的安全管理有据可依。

加强对地方政府的监管立法，规范地方政府对城市地下空间安全管理的制度标准，责成地方政府设立专门的城市地下空间安全监管机构，并对监管机构的监管责任、监管内容、监管措施等做出规定。

二　政府监管层面的制度设计

（1）成立地下空间安全监管机构。地方政府具体负责所在城市地下空间安全的监管职责，成立地下空间安全监管派出机构，按照中央政府的要求，对监管机构的监管责任、监管内容、监管措施做出详细的制度安排。

（2）政府可以利用经济政策手段（如税收、补贴）来对企业安全达标进行管制。比如，通过征收安全税、设立安全保证金、安全补贴以及对安全不达标的企业进行罚款等手段来加强地下空间的安全管理。

（3）政府监管部门之间建立安全协议制度。对于涉及多个部门的安全事故，政府在制度设计时，要充分考虑部门之间的协同作用，建立监管部门之间的安全协同制度，一旦发生地下空间安全问题，可以在第一时间协同合作，防止部门之间互相推诿，导致救援不力。

（4）对经营企业的经营安全做出制度规范。地方政府对地下空间经营企业在经营过程中的安全责任做出制度规范，并要求经营企业建立日常安全检查制度和应急安全报告制度，要求经营企业建立安全预警平台，并对安全预警平台做出规范要求。地方政府对经营企业的经营安全建立定期和不定期检查制度，使地下空间安全处于可查可看可控的范围内。

三　经营管理层面的制度设计

（1）经营企业按照政府的要求，根据自己的实际，建立地下空间安全的各类制度规范和安全预警平台，并落实到位。

（2）设计安全协议制度。对地下空间的租户而言，其在承租地下空间的同时，与地下空间经营企业签订安全协议，规范其安全行为，惩处其不安全行为，使得租户在经营过程中始终按照安全协议进行安全维护。

（3）设计安全培训制度。对地下空间经营企业的员工和租户进行安全培训，使其了解地下空间的安全规范要求和基本的安全知识，一旦发生安全事故，可以自救或互救。

（4）建立地下空间经营企业之间以及经营企业和相关地块企业之间的互助协议。地下空间一旦发生安全问题，势必会影响相关的地块和企业，所以建立互助协议，有助于在应急救援时的资源共享。

四　社会监督层面的制度设计

（1）建立完备的信息公开机制。在政府网站上，发布与地下空间安全有关的法律、法规、制度、技术标准等；报告地下空间经营企业情况及每年的安全达标情况，方便市民学法、懂法，并对地下空间安全进行监督；通过设置有奖活动来提高市民参与的积极性。

（2）建立定期的述职机制。述职机制应包含两个方面，一是企业向管制部门述职，提供一年来企业安全管理的详细情况；二是管制部门向市民述职，通过市民代表大会或定期发布公告的方式，向市民汇报一年来的安全管制情况，公布安全检查的结果，特别是对于安全不达标的企业公示，让市民了解经营企业的安全状况，自主选择消费空间。

（3）建立管制机构问责机制。作为行使公权力的政府管制机构，在权力行使过程中要避免管制机构的官员利用公权力来寻租。为了防止公权力被滥用，对管制机构的官员实行问责机制，一旦地下空间发生安全事故，要追究管制机构相关人员的责任。

五　城市地下空间安全保险制度设计

城市地下空间在大规模开发利用过程中，其蕴涵的风险可能也随之增长，如 2005 年上海市曾经列出有可能危害城市安全的七大新灾源，城市地下空间灾害排第二。城市地下空间存在的风险主要包括火灾、水灾、恐怖袭击、地下空间犯罪、污染及有毒化学物质泄漏、食品污染、供电故障等。其中火灾是城市地下空间风险中发生频次最高、危害最为严重的灾害，据收集到的资料，城市地下空间内火灾事故几乎占了事故总数的 1/3。

城市地下空间具有封闭、狭小、出入口少、通风光线条件差等特点，在发生风险时，往往会发生信息反馈缓慢、人员疏散难度大和应急救援困难等情况，并且具有极强的衍生性。各种风险因子在封闭的城市地下空间内互相作用、共同影响，易形成灾害链。比如爆炸、火灾、有害气体污染发生在地下空间内，容易相互转化。如果发生在商业区等人员密集场所，还极易衍生出断水断电或踩踏事故。

2009 年，为了保证世博会的顺利举行，在上海市民防办的支持下，上海环亚保险经纪公司推出了“上海市地下空间综合责任险”，这也是当时全国唯一的针对地下空间特定风险的保险品种。保障范围包括：公众责任、火灾或爆炸、恐怖活动等 11 项责任。

根据上海的经验，针对地下空间安全风险可以推出“地下空间安全责任险”，以分散经营企业的安全风险。加快建立配套的风险保障机制，通过机制创新进一步强化对城市地下空间的风险管控，在政府发挥职能作用的同时，充分发挥保险的经济补偿和社会管理作用，最为关键的是，应该加快完善地下空间领域责任保险法律、法规体系，特别是要通过立法的方式确定城市各类地下空间风险的责任人。

第九章

城市地下空间安全预警平台构建

城市地下空间安全事故导致的负外部性对城市居民的生活安全，企业的经营安全，城市的经济安全、金融安全、交通安全等多个方面会产生影响，甚至引起居民的恐慌心理。所以一方面要控制城市地下空间的安全隐患，减少安全事故发生；另一方面对于已经发生的地下空间安全事故要及时处理，降低安全事故的损失。除了从政府治理、制度设计的方面进行约束，还要采取有效的技术手段，建立城市地下空间安全监测预警及应急系统，实时监控城市地下空间的安全运行状况，及时预测预报警情，并做出快速响应。

相对于地下空间开发利用的快速发展，安全管理的措施尤其是技术手段相对滞后，特别是各类型地下空间（地上建筑附建地下室、地下隧道、地下轨道交通、地下停车场、地下商场、地下管廊等）、各部门（人防、地铁、市政、商业等）、各阶段（建设施工、生产运营、日常维护）的安全管理严重缺乏集成整合机制和技术手段。城市地下空间安全管理的片面化（重工程安全，轻社会安全）、碎片化（多龙治水，各自为政），不仅有着行政体制上条块分割、难以协同的弊端，而且有着技术手段上相互隔离、难以集成的障碍。长此以往不但会严重地阻碍甚至破坏地下空间的开发利用，还会影响社会的安定和国家的安全。工欲善其事必先利其器，地下空间开发利用的健康发展急需安全技术的有力支撑，因此构建城市地下空间安全预警平台至关重要。

第一节　系统需求分析

本预警平台主要对城市地下空间所有的建（构）筑物、人流状况、安全管理状况、地下空间的安全设施及所拥有的安全系统、地下空间的基本安全现状、地下空间周边相连的二级地块以及对应的地面空间状况等进行分析，了解其安全需求情况，收集和整理现有的安全管理组织体系、制度体系、应急预案体系及应急指挥体系等资料，分析系统的硬件软件设备、环境条件和技术力量等。在硬件上主要从计算机的处理能力、安全监测监控设备、安全保护设施、输入输出设备等方面考虑。软件上应考虑信息系统开发平台、开发工具、数据库和网络应用能力。

平台构建的关键是城市地下空间可能存在的安全事故隐患的预警预报技术与控制措施，通过对地下空间的安全隐患进行全面排查，形成有效的地下空间安全事故预控、预警及应急平台。引入闭环管理理念，完成对城市地下空间安全隐患的自动识别、对城市地下空间安全信息分析和处理、对城市地下空间安全组织和监管进行及时联络和调度、对城市地下空间安全灾害进行指挥和救援、对城市地下空间安全事故进行评价分析、预测和模拟，最终形成对安全隐患和事故的闭环管理，如图 9 - 1 所示。

系统功能需求包括：安全体系的内容设计、安全隐患排查流程、事故分析和评价方法、通信联络设备和机制、救灾决策方案、应急预案、安全可视化的仿真和模拟信息技术等。

系统平台需求包括：采用 B/S 模式；城市地下空间安全系统服务器采用数据库服务器和应用服务器双层结构，增加系统安全性；

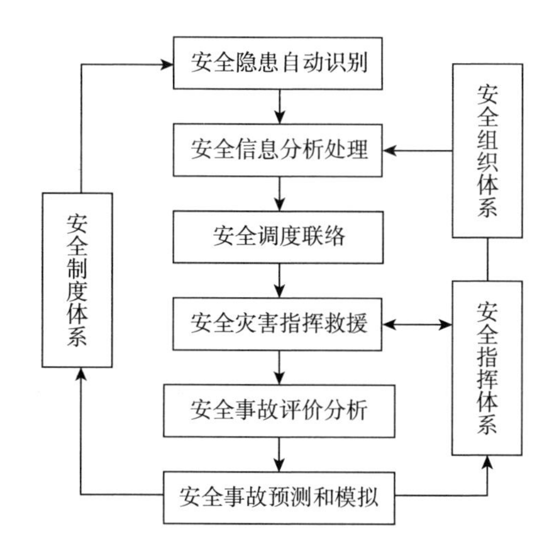

图 9－1 对安全隐患和事故的闭环管理

图形采用三维模拟图像适时跟踪和动画模拟及展示。

系统数据库需求包括：数据库收集存储和管理管辖范围内与城市地下空间安全事故应急救援有关的信息和静态、动态数据，数据库建设遵循组织合理、结构清晰、冗余度低、便于操作、易于维护、安全可靠、扩充性好的原则，并建立数据库系统实时更新以及数据共享机制。

系统数据库包括城市地下空间安全事故接报信息存储、城市地下空间安全隐患排查信息数据库；各类应急救援预案数据库；应急资源信息（包括指挥机构及救援队伍的人员、设施、装备、物资以及专家等）、危险源、人口、自然资源等应急资源和资产数据库；主要路网管网、避难场所分布图和救援资源分布图等地理信息数据库；各类事故趋势预测与影响后果分析模型、衍生与次生灾害预警模型和人群疏散避难策略模型等决策支持模型库；有关法律法规、应对各类安全事故的专业知识和技术规范、专家经验等知识管理数据库；国内外特别是本地区或本行业有重大影响的、安全事故典型案例的事故救援案例数据库；各级各类隐患数据统计分析数据库。

第二节　系统开发

本系统主要应用于大型地下空间购物中心、地铁、大型地下停车场、地下市政管廊、地下交通环廊、地下垃圾处理场或几种模式交叉综合的大型地下综合体。针对城市地下空间高强度开发、密闭性强、经营类别多样、人员流动性大且具有不确定性等特点，利用现代化的信息技术和互联网技术，综合考虑城市地下空间安全管理的各种要素，集事故隐患监测监控、事故预测分析、事故预警等功能于一体，全面覆盖城市地下空间的安全监管、安全经营、安全排查和应急救援等各个层面，以本质安全管理理论为指导，以安全管理模式建设为基础，综合运用网络、通信、电子等多项技术，建立具有监测防控、征兆预判、隐患分析、安全预报、巡查定位、预案生成和动态模拟功能的城市地下空间安全综合信息系统，从而实现城市地下空间安全管理的可视化、系统化和信息化。

一　系统设计原则

系统设计的总原则是“以人为本、安全第一、预防为主”。具体原则有以下几方面。

（一）先进性和实时性

系统设计无论从硬件设备、软件技术还是网络平台，都采用目前最先进的技术和设备，运用最新的计算机和远程信息传递技术，以提高系统信息传递的实时性，从而保证系统各使用方能在第一时间掌握最新信息。

（二）稳定性与可靠性

系统的稳定性是确保系统监测数据可信的前提；而系统的可靠

性包括观测数据的可靠性、分析方法的可靠性和系统软件的可靠性。在系统发生故障或由于其他问题运行中断后，稳定性和可靠性保障了系统能够及时恢复数据，并确保数据准确无误，分析方法需要经过仔细选择，以保证在数据准确的前提下，分析得到的预测结果能很好地反映地下空间存在的事故隐患或可能发生的事故，以便及时处理，从而保证整个地下空间的安全。

（三）通用性和可扩充性

系统设计应该满足通用性，以适合多层次用户的多种需求。系统应具有简洁性和易操作性，以方便不同层次的用户使用。系统开发应满足可扩充性，坚持遵照相关的国际标准、国家标准和行业标准，使用标准化的开发工具，以便于系统扩展和升级。

（四）兼容性和安全性

开发的新系统能够兼容原有的管理系统，以最大限度地为企业节约资源；在系统开发的各个环节植入安全措施，防止非法入侵，保证系统的安全使用。

二　系统设计目标

系统设计的总体目标为：实现“统一指挥、功能齐全、反应灵敏、运转高效”的功能，致力于实现安全监管人员的监视监测集成化、网络办公自动化，管理规范化，提高工作效率，节省大量的人力物力，具体表现为以下几方面。

（一）建设 OA 协同管理系统

建设 OA 协同管理系统，满足企业信息化建设的需要，更好地协助企业进行安全信息化管理，提升企业的安全管理执行力，有效解决管理企业组织机构庞大、职能部门众多、安全管理与企业日常工作流程控制之间的矛盾，实现信息传输的自动化、信息获取的快速化、办公过程的规范化、信息资源充分共享的目标。

（二）设计安全管理系统

设计安全管理系统，将安全管理模式中的组织体系、制度体系、应急预案体系、应急救援体系中的相关文档信息进行存储，通过隐患排查及时发现安全隐患，确定隐患所在区域、位置、状态等，运用统计工具进行数据分析，根据分析结果及时提出应急处置程序等，使地下空间的安全管理人员及时了解、掌握地下空间的安全状况，达到及时发现、及时报告、及时处理，实现安全管理的可视化、应急处理的及时化等目标。

（三）设计专家工具系统

设计专家工具系统，存储安全知识和安全领域专家处理重大安全事故的案例与方法，使地下空间的安全管理人员能随时通过系统学习应急知识和技能，并应用人工智能技术和计算机技术，模拟专家的决策过程，实现应急处理的专业化目标。

三　系统设计理念

（一）安全理念

系统采用严格的授权协议，未授权人员无法做相应操作，并使用 WEB 加密算法（HTTP 安全超文本传输协议、128 位 SSL 安全套接层协议、DES），以防止信息被截获导致泄密。信息加密和追踪相结合，通过记录操作日志等方法对系统的操作安全采取措施，以保证系统具有较强的安全性，并提供数据库加锁功能，使之具有良好的数据安全性、一致性、完整性，从而保证数据信息的安全。

（二）简易化理念

系统采用 B/S 结构，用户用浏览器访问系统，无须安装客户端，方便远程访问；采用图形化用户界面，简洁友好，使用方便，还可根据用户需求，自定义新的管理项目，自行设计项目代码，补充国际码的不足；对多条件组合查询采用模糊查询方式，方便快捷。用户只要会上网，就会使用安全管理信息系统，无须专门培训。

（三）“推”的理念

系统图形采用三维模拟图像，实行实时跟踪和动画模拟展示，提供多种灵活的预警分析查询，及时将任务“推”向桌面，提示待办任务，并实时更新提示；采用引导操作以及下拉式提示菜单，省去了用户烦琐的手工输入；对于没有处理的任务，系统会一直“推”向桌面，直到用户按照引导完成操作。系统采用“推”的设计理念，保证了系统中任务处理的及时性和闭合性，从而保证了地下空间的安全。

四　系统框架设计

系统框架为系统功能的实现提供平台，它将决定系统性能，优秀的系统框架能够大大提升系统开发、实施以及后期维护等各阶段工作的效率和质量，作为一款优秀的产品，也必须有可靠、高效、界面友好的系统框架来支撑。本系统的框架由以下四部分构成。

（一）多层B/S结构可伸缩的软件架构

B/S（Browser/Server，浏览器/服务器）架构是目前较为主流的网络结构模式，WEB浏览器是客户端最主要的应用软件。此模式统一了客户端，将系统功能实现的核心部分集中到服务器上，简化了系统的开发利用和维护（见图9－2）。

本系统又将服务器端按照功能和作用进行层次划分，形成若干层次单元，每个单元又可根据实际业务量部署多台服务器协同工

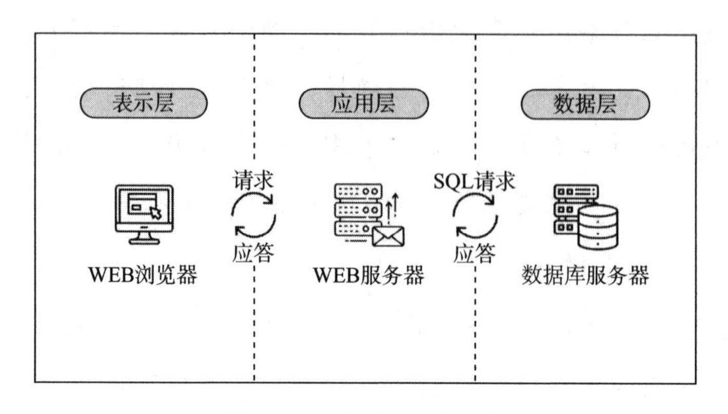

图 9－2　多层 B/S 结构可伸缩的软件架构示意

作，当系统数据吞吐量不大时，也可将所有的功能单元集中在一台服务器上。因此系统的硬件需求非常具有弹性，可以针对特定的业务场景进行裁剪，在系统有效运行的前提下将硬件投入成本降至最低。

（二）数据处理与分析框架

本系统的核心算法需要大量的监测数据作为各类指标计算的数据源，因此需要对采集的原始监测数据进行层层加工提取，实时进行指标计算以及趋势预测，更新系统数据，并将计算结果通知系统前端界面或进行初步的参与性控制。数据处理与分析框架需要强大的数据库管理系统、模型与算法系统以及稳定的服务器环境来提供支撑。

（三）系统界面框架

本系统的界面是通过 B/S 结构中的 Browser 呈现给用户的页面，页面是用户和系统交互的唯一接口，包含大量的输入输出控件，其丰富性、布局的合理性及外观的美化程度直接影响用户使用系统的心情和效率。本系统的界面框架需要利用现有经验并加以改进，增加超宽屏幕条件下允许的集成化分析界面，力求分析人员能够在一个界面内得到想要的分析结果，避免过多的切换操作。

（四）系统安全框架

本系统的安全框架具有重要的意义，因此在安全框架的设计过程中，要使用成熟稳定、安全可靠的技术。系统要在提高数据源的安全性的同时将分析结果选择性地开放给相应的部门。考虑到后期可能对公众开放一定的分析结果查询功能，系统要在安全框架中预留对外的接口。对于用户密码采用不可逆的加密技术，只对密文进行存储，同时对用户的操作进行全面的日志记录，保证系统运行状态可回溯。

五　系统功能结构设计

城市地下空间安全管理系统功能设计包括 OA 协同、安全管理、专家工具和辅助系统四个子功能模块，具体结构如图 9－3 所示。

以上四个功能模块构成了城市地下空间安全管理信息系统的功能结构，基本满足了城市地下空间安全管理的日常需求和应急需要，使日常安全管理内容更加具体、规范，加强事前预防、预警工作，从而减少突发事件的发生。一旦发生应急事故，系统会弹出报警信息，并自动引导操作人员进行报告、处理等流程，其管理流程更加优化，提高了应急反应的速度，最大限度地减少事故损失。

各功能模块根据自身业务需求设置各自的子模块，其中安全管理和专家工具两个子模块是系统设计的重点，集中体现了城市地下空间安全管理的核心内容，是地下空间安全的重要保障。根据城市地下空间安全管理模式，安全管理信息系统的功能设计主要包括以下几方面。

（一）OA 协同子系统

OA 协同子系统主要是针对城市地下空间业务类型多样、区域功

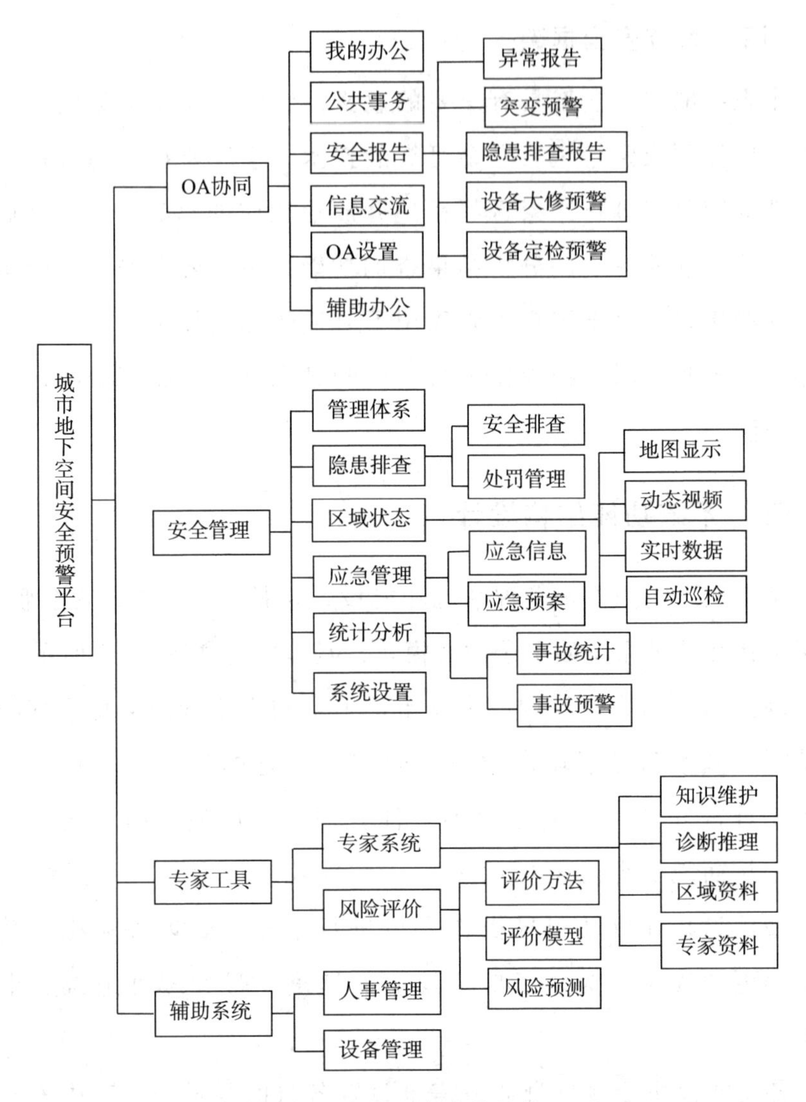

图 9-3　系统功能结构

能需求各异、管理职能部门众多的现状，设立我的办公、公共事务、信息交流、辅助办公、OA 设置、安全报告六个功能模块。各功能模块的设立，使各部门充分利用信息资源，及时了解地下空间安全状况，实现信息传输的自动化、信息获取的快速化、办公过程的规范化及信息处理的及时化。具体功能如图 9-4 所示。

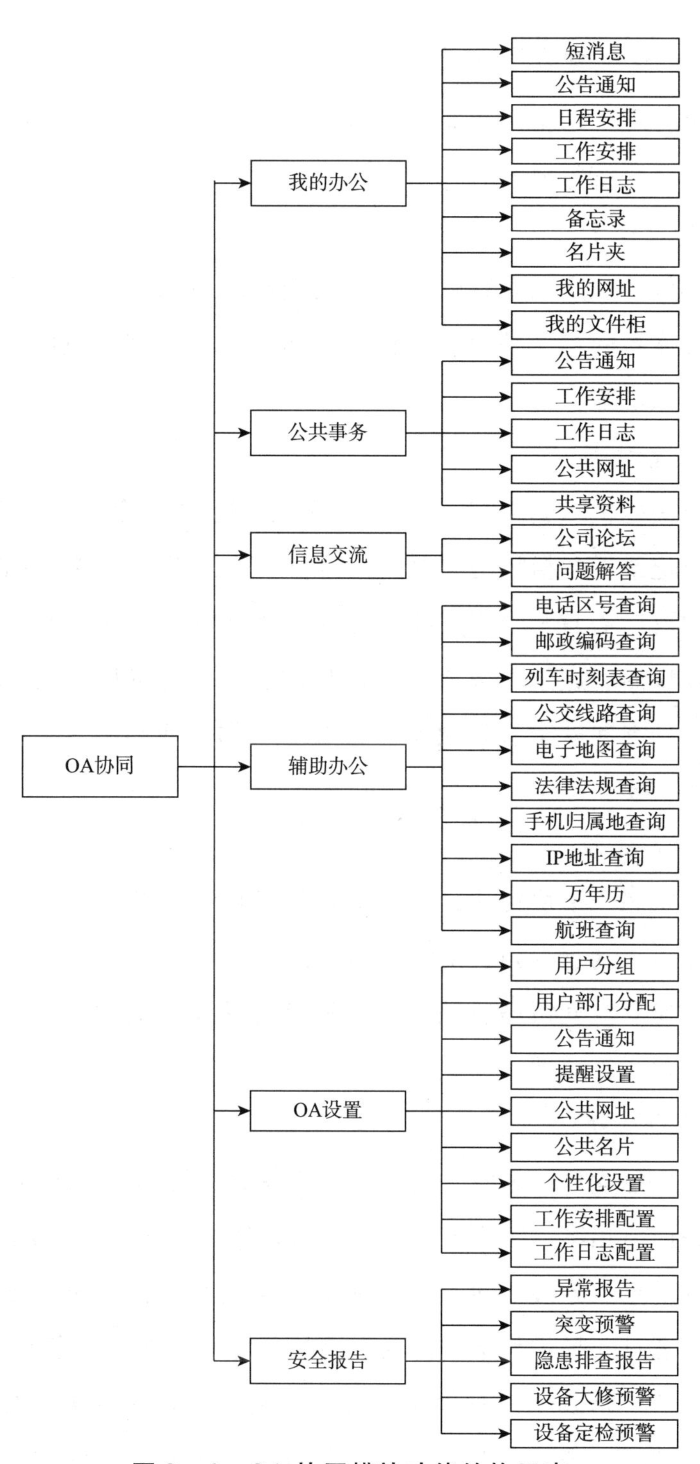

图 9－4　OA 协同模块功能结构示意

（二）安全管理子系统

安全管理子系统应包括管理体系、隐患排查、区域状态、应急管理、统计分析等内容。

1. 管理体系

管理体系主要用来存储和管理安全组织体系、安全制度体系和安全指挥体系的相关信息，方便进行闭合安全管理过程中的信息查询、调用和实施。

2. 隐患排查

该模块提供对安全隐患的排查管理，通过安检信息发现隐患，登记排查记录，包括机构、地点、内容、整改资金等多项跟踪信息，在系统中及时查询隐患治理情况，对实际治理情况进行记录跟踪，同时对发现的问题进行复查。从而形成安全隐患的闭环管理，并为安全隐患排查和安全管理决策提供参考依据，能够满足全天候、快速反应的需要。

3. 区域状态

区域状态子模块提供地下空间的区域状态的相关信息，具体包括地图显示、动态视频、实时数据、自动巡检等功能。通过对视频、温度、风速、空气污染物浓度等区域信息的安全监测，达到隐患排查的及时性、针对性。

4. 应急管理

对于应急管理子系统，运行中应遵循分级管理、属地为主原则。依据相关应急预案，基于安全事故结果，依照有关法律法规、政策、安全规程规范、救援技术要求以及案例等进行智能检索与分析，并结合专家意见，提供地下空间安全事故的应对措施和应急救援方案。根据应急救援阶段和处置效果的反馈，基于应急平台实现对应急救援方案的动态调整和优化。总之，系统在应用时，应强化安全隐患预警、信息传递、辅助决策者决策和工作总结评估等应急管理工作，实现信息共享。

5. 统计分析

统计分析包括对物资装备、隐患排查、区域状态、监测点、安全日报等一系列安全信息和数据的统计、汇总、分析和预测，且用图表或数据的形式简练而直观地呈现出来，使管理者能够及时地了解到数据的动态信息，安全隐患情况一目了然，以便于对问题快速而准确地做出处理。

6. 系统设置

系统设置子系统针对涉及整个安全管理信息系统的基本信息进行自定义设置，根据中关村地下空间的实际，将系统设置分为数据字典、区域设置、服务器设置、设备接口、监测权限、图标设置、设备类别设置、地理信息八个模块。

（三）专家工具系统

专家工具子系统包括专家系统和风险评价等内容。

专家系统通过存储安全领域专家的知识与经验，利用安全专家的知识和解决问题的方法来处理该领域的问题，应用人工智能技术和计算机技术，根据安全领域多个专家提供的知识和经验，进行推理和判断，模拟专家的决策过程，帮助城市地下空间安全管理人员学习专家处理问题的方法，并对决策过程做出解释，且具有学习功能，能自动增长解决问题所需的知识。

专家系统可以实施对专家相关信息的录入、增删、修改等常规维护操作。城市地下空间一旦发生安全事故，可快速查询锁定相关领域专家，第一时间联系专家，缩短解决问题的时间，把事故损失减到最小。专家系统模块包含了知识维护、诊断推理、区域资料和专家资料四部分，是一种对事故隐患进行判断、推理、诊断乃至提出合理的建议的智能化方法，为用户对事故做出判断和及时处理提供了思路。

风险评价该模块综合了城市地下空间各个区域和项目（存在隐患设施、设备等对象）的风险指标、评价方法和模型。评价中依据评价对象不同采用不同的评价方法。可选用自定义参数和公式的实时数据评估方法进行评估，此两种方法依据实际区域或项目客观监测数据而建立，可以对预警级别和风险种类设置，并对风险评估分值进行分级。

（四）辅助系统

辅助系统主要设立人事管理和设备管理子系统，主要存储地下空间的工作人员的信息以及设备信息，有助于管理人员及时了解工作人员岗位职责以及相应的安全责任，并及时进行安全教育培训。通过设备管理子系统，管理人员及时了解设备安全现状，以便及时维护或更换设备，使设备始终处于安全工作状态。

1. 人事管理

人力资源开发与管理是指运用现代化管理方法，对城市地下空间安全相关人员进行培训、组织与调配，使城市地下空间相关物力、人力经常保持最佳比例，同时对人员的思想、心理和行为进行恰当的引导、控制和协调，充分发挥人的主观能动性，使得人尽其才，事得其人，人事相宜，有利于实现组织目标。人事管理系统是一个管理类软件，可以帮助企业完成对人力管理任务的分析，并可开展日常处理、信息查询、统计分析等活动。

2. 设备管理

设备管理系统是企业实现设备数值化的重要基础和信息平台，通过计算机编码设计，利用计算机来管理各项设备。设备管理系统是大型地下空间管理系统的一个重要的辅助系统，在日常业务管理中占有很重要的地位，对于企业的决策者和管理者来说都是至关重要的。其内容涵盖了设备资产、设备运行、设备维修、备品备件、润滑油管理、设备密封等设备相关管理。

第十章

结论与展望

第一节 主要结论

本书从安全外部性的视角对我国城市地下空间的安全问题进行了研究，梳理了城市地下空间安全现状、问题及影响因素，构建了地下空间安全系统，研究了地下空间安全系统运行机制，提出了地下空间安全的外部性控制及治理措施，主要结论包括以下几方面。

（一）地下空间的安全问题还没有得到政府相关部门的足够重视

在地下空间开发利用如火如荼的今天，除天津市成立了地下空间规划管理信息中心，其他各省区市并没有专门的地下空间管理机构，更不用说地下空间安全管理机构。在本项目的研究过程中，只能借助中国知网和互联网门户网站进行搜索，对地下空间安全相关的文献进行梳理，对地下空间的灾害事故进行统计，发现目前关于城市地下空间的研究主要还是集中在开发利用、效益评价方面，“重开发轻管理、重效益轻安全”的思想还很盛行。

（二）城市地下空间的重大安全问题会造成巨大的负外部性

通过对国内外地下空间安全事故的统计梳理发现，地下空间大多处于城市的繁华地带，地下空间的重大安全事故会产生巨大的安全外部性，对城市秩序、居民生活甚至经济、金融、市民心理等产生无法预知的影响。

（三）城市地下空间安全的负外部性是可以通过制度和技术进行控制的

通过制度安排，从中央政府、地方政府、经营企业等每个层面，设立一系列城市地下空间安全管理制度，从制度层面控制城市地下空间安全事故的发生。建立城市地下空间安全预警平台，从技术层面实现城市地下空间本质安全。

第二节　创新点

（1）构建了城市地下空间安全系统，研究了城市地下空间安全系统的运行机制。城市地下空间安全系统是一个具有复杂性、耗散结构的动态的巨系统，其子系统之间具有协同性，该系统在一定的条件下会发生突变。城市地下空间的安全系统由结构系统和功能系统构成，结构系统主要是地下空间的基础类安全系统，功能系统主要是地下空间的保障类安全系统。系统的危险扰动因素在一定的触发条件下会导致安全事故发生，安全事故会产生巨大的外部性影响。这些危险扰动因素的触发条件和安全系统的“熵机制”和“脆性机制”有关。

（2）构建了地下空间安全的外部性控制模型，研究了城市地下空间安全外部性控制与治理机制，提出了城市地下空间安全外部性治理措施。分析了城市地下空间安全外部性主体、受体及行为间的关系，构建了城市地下空间安全外部性控制模型，研究了城市地下空间安全外部性控制与治理机制，发现外部性控制与治理不是截然分开的，而是相互渗透和相互促进的。外部性控制主要是前馈控制，从制度保障、组织保障、技术保障和资金保障等方面入手，安全外部性治理主要从政府治理、社会治理和企业治理入手。

（3）研究了城市地下空间外部性的政府治理和制度设计。政府治理是治理外部性的主要手段，从城市地下空间安全的政府管制方面，提出了运用行政手段和经济政策进行城市地下空间的政府治理。从委托代理视角分析了城市地下空间安全的利益相关者关系，并进行了博弈分析，从国家立法、政府监管、社会监督、企业管理等方面进行制度设计。

（4）构建了城市地下空间安全预警平台。城市地下空间安全预警平台可以在技术上实现对城市地下空间的安全管理，提高了城市地下空间的安全性，为城市管理者管理地下空间提供了技术支撑。

第三节　进一步研究的方向

笔者在本项目的研究过程中发现，各大城市对于地下空间数量、类型、安全状况没有专门的机构进行管理和统计，对于城市地下空间安全外部性的研究还不深入，今后可以从以下方面进行进一步的研究。

（1）加强对城市地下空间的调研，对各城市的地下空间数量、类型、安全隐患、事故可能的触发条件等做出调研统计，这个工作量很大，需要协同的部门也很多，实际进行需要政府主导，难度比较大。

（2）对城市地下空间安全的制度设计进行进一步深化和细化。本研究中，对城市地下空间安全的制度设计只提出了框架，还需要进一步完善和细化。

（3）城市地下空间安全预警平台的完善和升级。本研究开发的城市地下空间安全预警平台还比较初级，对于许多大型综合体来说，还存在许多不完善的地方。所以进一步设计、开发适合大型城市地下空间综合体的安全预警平台非常重要，实现对城市地下空间安全的监测、预警和预控，并在地铁及大型地下综合体进行应用示范。尽可能使所建系统具有普适性、兼容性、扩展性和可复制性，力促在全国多种类型的地下空间安全管理中推广应用。

参考文献

[1]《2016中国特大城市高端论坛——从国家规划到城市治理》，http://news.youth.cn/gn/201610/t20161018_8759628.htm，2016年10月18日。

[2] 白福臣：《城市可持续发展面临的挑战与对策》，《经济师》2006年第11期。

[3] 国际移民组织（IOM）与中国与全球化智库（CCG）：《世界移民报告2015：移民和城市——管理人口流动的新合作》，2016年3月17日。

[4] 中华人民共和国住房和城乡建设部：《城市地下空间利用基本术语标准》，中国建筑工业出版社，2014。

[5] 陈志龙、刘宏：《城市地下空间总体规划》，东南大学出版社，2011。

[6] 戴慎志、赫磊：《城市防灾与地下空间规划》，同济大学出版社，2014。

[7] 童林旭：《地下建筑学》，山东科学技术出版，1994。

[8] 关宝树、杨其新：《地下工程概论》，西南交通大学出版社，2001。

[9] 安晓明：《自然资源价值及其补偿问题研究》，吉林大学博士学位论文，2004。

[10] 徐生钰：《城市地下空间经济学》，经济科学出版社，2014。
[11] 张五常：《经济解释》，中信出版社，2015。
[12] 莱昂·瓦尔拉斯：《纯粹经济学要义》，蔡受百译，商务印书馆，1997。
[13] 国务院办公厅：《关于加强城市地下管线建设管理的指导意见》，http://www.gov.cn/zhengce/content/2014-06/14/content_8883.htm，2014。
[14] 中华人民共和国住房和城乡建设部：《城市地下空间开发利用"十三五"规划》，http://www.mohurd.gov.cn/wjfb/201606/t20160622_227841.html，2016。
[15] 北京市规划委员会：《北京地下空间规划》，清华大学出版社，2006。
[16] 上海市人民政府：《上海市地下空间突发事件应急预案》(2017版)。
[17] 张秀丽、刘新红：《广州市地下空间开发与利用研究》，《科技与企业》2015年第14期。
[18] 《国内最复杂的地下立交系统6月底将正式通车》，http://nj.bendibao.com/news/2014519/44018.shtm，2014年5月23日。
[19] 《揭秘全国最大地下高铁站　成绵乐客专双流机场站》，http://scnews.newssc.org/system/20141105/000506689.html，2014年11月5日。
[20] 《亚洲最大地下火车站——广深港高铁深圳福田站正式开通》，http://www.gov.cn/xinwen/2015-12/30/content_5029540.htm，2015年12月30日。
[21] 上海市民防办公室、上海市地下空间管理联席会议办公室编：《城市地下空间安全简明教程》，同济大学出版社，2009。
[22] 束昱：《日本的共同沟》，《中国人民防空》2003年第6期。

[23] 肖军：《城市地下空间利用法律制度研究》，知识产权出版社，2008。

[24] Nishi J, Kamo F, Ozawa K. Rational use of urban underground space for surface and subsurface activities in Japan [J]. Tunnelling and Underground Space Technology, 1990, 5 (1-2): 23-31.

[25] Watanabe I, Ueno S, Koga M, et al. Safety and disaster prevention measures for underground space: an analysis of disaster cases [J]. Tunnelling and Underground Space Technology, 1992, 7 (4): 317-324.

[26] Nishida Y, Uchiyama N. Japan's use of underground space in urban development and redevelopment [J]. Tunnelling and Underground Space Technology, 1993, 8 (1): 41-45.

[27] Ogata Y, Isei T, Kuriyagawa M. Safety measures for underground space utilization [J]. Tunnelling and Underground Space Technology, 1990, 5 (3): 245-256.

[28] Tatsukami T. Case study of an underground shopping mall in Japan: the east side of Yokohama station [J]. Tunnelling and Underground Space Technology, 1986, 1 (1): 19-28.

[29] Guarnieri M, Kurazume R, Masuda H, et al. HELIOS system: A team of tracked robots for special urban search and rescue operations [C]. 2009 IEEE/RSJ International Conference on Intelligent Robots and Systems. IEEE, 2009: 2795-2800.

[30] Mashimo H. State of the road tunnel safety technology in Japan [J]. Tunnelling and Underground Space Technology, 2002, 17 (2): 145-152.

[31] Watanabe I, Ueno S, Koga M, et al. Safety and disaster prevention measures for underground space: an analysis of disaster cases

[J]. Tunnelling and Underground Space Technology, 1992, 7 (4): 317-324.

[32] Y. Ogata., T. Isei, M. Kuriyagawa. Safety Measures for Underground Space Utilization, Tunneling and Underground Space Technology, 1990, Vol (5), No. 3: 245-256.

[33] Procházka P P, Kravtsov A N. Aftermath of explosions in underground free space [C]. Safety and Security Engineering III, 2009, 108: 31-38.

[34] Talmaki S A, Dong S, Kamat V R. Geospatial databases and augmented reality visualization for improving safety in urban excavation operations [C]. Construction Research Congress 2010: Innovation for Reshaping Construction Practice. 2010: 91-101.

[35] Lance G, Anderson J, Laтont D. Third party safety issues in international urban tunnelling [C]. Underground Space-the 4th Dimension of Metropolises, WTC 2007, 2: 1549-1553.

[36] Davydkin N F, Vlasov S N. Newest issues of integrated road urban tunnel fire protection system [C]. Underground Space-the 4th Dimension of Metropolises, WTC 2007, 2: 1773-1777.

[37] Bhalla S, Yang Y W, Zhao J, et al. Structural health monitoring of underground facilities-Technological issues and challenges [J]. Tunnelling and Underground Space Technology, 2005, 20 (5): 487-500.

[38] Curiel-Esparza J, Canto-Perello J. Indoor atmosphere hazard identification in person entry urban utility tunnels [J]. Tunnelling and underground space technology, 2005, 20 (5): 426-434.

[39] Meyeroltmanns W. The influence of decreasing vehicle exhaust emissions on the standards for ventilation systems for urban road tunnels

[J]. Tunnelling and underground space technology, 1991, 6 (1): 97 - 102.

[40] Van der Hoeven F. Landtunnel Utrecht at Leidsche Rijn: The conceptualisation of the Dutch multifunctional tunnel [J]. Tunnelling and Underground Space Technology, 2010, 25 (5): 508 - 517.

[41] Jean-Paul Godard. Urban Underground Space and Benefits of Going Underground, World Tunnel Congress 2004 and 30th ITA General Assembly-Singapore, 22 ~ 27, May 2004 ~ ITA Open Session.

[42] E. K. Stefopoulos, D. G. Damigos. Design of emergency ventilation system for an underground storage facility, Tunneling and Underground Space Technology, 2007 (22): 293 - 302.

[43] 杨运均:《美国地下空间协会》,《地下空间与工程学报》,1981 年第 3 期。

[44] Pierre Duffaut、汤世均:《法国与欧州地下空间利用的过去与未来》,《地下空间与工程学报》1982 年第 2 期。

[45] 童林旭:《在新的技术革命中开发地下空间——美国明尼苏达大学土木与矿物工程系新建地下系馆评介》,《地下空间》1985 第 1 期。

[46] Susan Nelson、丁泽新:《明尼苏达州明尼阿波利斯坑道式地下空间立法与经济上的可行性》,《地下空间》1986 第 4 期。

[47] 束昱、王璇:《国外地下空间工程学研究的新进展》,《铁道工程学报》1996 年增刊。

[48] 康宁:《美国的地下空间开发和利用》,《浙江地质》2001 年第 17 期。

[49] 忻尚杰、程宝义、杨纯华等:《国外地下空间内部环境保障技术》,《中国建设信息供热制冷专刊》2002 年第 1 期。

[50] 吴再丰:《日本:地下空间开发技术发展迅猛》,《中国青年科

技》1999 年第 6 期。
[51] 石晓东：《加拿大城市地下空间开发利用模式》，《北京规划建设》2001 年第 5 期。
[52] 马积薪：《地下空间的安全管理》，《地下空间与工程学报》1993 第 4 期。
[53] 初建华：《地下空间安全管理中存在的主要问题及对策》，《中国特色社会主义研究》2003 增刊。
[54] 俞海荣、黄祖华：《建筑物地下空间安全防范系统设计》，《浙江建筑》2006 第 7 期。
[55] 季元、徐瑞龙：《城市地下空间安全管理的基本思路》，《民防苑》2007 增刊。
[56] 王铭珍：《地下空间的安全使用》，《安全》2007 年第 6 期。
[57] 刘霞、袁全：《基于人性化的地下空间安全设计研究》，《河北工业大学学报》2008 年第 6 期。
[58] 王妤甜：《对居住区的住人地下空间安全现状的几点思考》，《安全》2007 年第 7 期。
[59] 彭建、柳昆、阎治国等：《地下空间安全问题及管理对策探讨》，《地下空间与工程学报》2010 年第 6 期。
[60] 孙钧：《完善城市地下空间安全使用管理技术措施的若干问题》，《第四届中国国际遂道工程研讨会论文集》，2009。
[61] 徐静、谭章禄：《基于智慧城市的地下空间安全管理研究》，《地下空间与工程学报》2016 年第 1 期。
[62] 徐梅：《城市地下空间灾害综合管理的系统研究》，同济大学博士论文，2006。
[63] 赵丽琴：《基于外部性理论的城市地下空间安全管理问题研究》，中国矿业大学（北京）博士论文，2011。
[64] 柳文杰：《城市地下空间突发事故应急处置与救援研究》，哈

尔滨理工大学工程硕士论文，2012。

[65] 杨洋：《哈尔滨市地下商业街安全导识系统设计研究》，哈尔滨工业大学硕士学位论文，2012。

[66] 唐立：《公共治理视角下的城市地下空间安全管理研究》，广西大学硕士学位论文，2013。

[67] 吕明：《城市公共地下空间安全可视化管理研究》，中国矿业大学（北京）博士学位论文，2014。

[68] 王振宁：《工业企业安全管理学》，天津科技翻译出版公司，1992。

[69] 陈宝智、王金波：《安全管理》，天津大学出版社，1993。

[70] 方正：《关于地下建筑火灾防治的若干问题》，《建筑、环境和土木工程学科发展战略研讨会论文摘要汇编》，国家自然科学基金委员会，2004 年。

[71] 上海市民防办公室、上海市地下空间管理联席会议办公室：《城市地下空间安全简明教程》，同济大学出版社，2009 年。

[72] 陈俊英、张冰：《基于熵的复杂系统的脆性理论基础研究》，《微计算机信息》2008 第 4 期。

[73] 侯新朴：《物理化学》，人民卫生出版社，2006。

[74] 刘幸平：《物理化学》，中国中医药出版社，2012。

[75] 邹馄：《物理学中的熵概念》，《西安石油学院学报（自然科学版）》1999 年第 3 期。

[76] 汪志诚：《热力学统计物理》，高等教育出版社，1998。

[77] 蔡天富、张景林：《对安全系统运行机制的探讨——安全度与安全熵》，《中国安全科学学报》2006 年第 3 期。

[78] 张景林等：《安全系统工程》，煤炭工业出版社，2002。

[79] 盛进路、邢繁辉等：《船舶安全熵概念的提出及应用》，《中国安全科学学报》2007 年第 6 期。

[80] 伊·普利高津、伊·斯唐热：《从混沌到有序：人与自然的新对话》，曾庆宏、沈小峰泽，上海译文出版社，1987。

[81] Prigogine I. Structure, Dissipation and Life [C]. Maois M. Theoretical physics and Biology. Amsterdam: North Holland Publishing Co. 1969: 23-52.

[82] Nicolis G, Prigogine I. Self-Organization of Non-Equilibrium Systems [M]. New York: John Wiley & sons Inc. 1977.

[83] 许立达、樊瑛、狄增如：《自组织理论的概念、方法和应用》，《上海理工大学学报》2011 年第 2 期。

[84] G. 尼克利斯、I. 普利戈京：《非平衡系统的自组织》，徐锡申、陈式刚、王光瑞等译，科学出版社，1986。

[85] 孙冰、李柏洲：《企业技术创新动力系统的耗散结构研究》，《生产力研究》2006 年第 9 期。

[86] 吴尤可、钟坚：《基于耗散系统理论的创新型城市演化机制研究》，《湖南师范大学社会科学学报》2011 年第 5 期。

[87] 曾广荣：《系统开放性原理》，《系统辩证学学报》2005 年第 7 期。

[88] 夏涛：《基于自组织理论的课堂教学研究》，华中师范大学硕士学位论文，2013。

[89] 佀庆民：《基于自组织的城市系统安全理论研究》，东北大学博士学位论文，2016。

[90] H. Haken. Advanced Synergetics [J]. Berlin: Springer, 1987, 30-50.

[91] 同丽嘎：《基于自组织理论的内蒙古城市化发展及其空间组织研究》，内蒙古师范大学硕士学位论文，2008。

[92] 苗东升：《系统科学大学讲稿》，中国人民大学出版社，2007。

[93] 祁国珍、施善定、柯振岗：《蒽醌型二色性染料有序参数与结

构的关系》,《华东理工大学学报》1988 年第 1 期。
[94] 才华:《基于自组织理论的黑龙江省城市系统演化发展研究》,哈尔滨工业大学大学博士学位论文,2006。
[95] 袁大祥、严四海:《事故的突变论》,《中国安全科学学报》2003 年第 3 期。
[96] Martha G. Roberts、杨国安:《可持续发展研究方法国际进展——脆弱性分析方法与可持续生计方法比较》,《地理科学进展》2003 年第 1 期。
[97] 李鹤、张平宇:《全球变化背景下脆弱性研究进展与应用展望》,《地理科学进展》2011 年第 7 期。
[98] 徐君、李贵芳、王育红:《国内外资源型城市脆弱性研究综述与展望》,《资源科学》2015 年第 6 期。
[99] White G F. Natural hazards, local, national, global [M]. Oxford University Press, 1974.
[100] O'Keefe P, Westgate&Amp K, Wisner B. Taking naturalness out of natural disasters [J]. Nature, 1976, 260 (5552): 566 - 567.
[101] White G F. Natural hazards, local, national, global [M]. Oxford University Press, 1974.
[102] Cutter S L. Living with risk: The geography of technological hazards [M]. London: Edward Arnold, 1993.
[103] Bogard W C. Bringing Social Theory to Hazards Research: Conditions and Consequences of the Mitigation of Environmental Hazards [J]. Sociological Perspectives, 1988, 31 (2): 147 - 168.
[104] Adger W N. Social Vulnerability to Climate Change and Extremes in Coastal Vietnam [J]. World Development, 1999, 27 (2): 249 - 269.
[105] 李鹤、张平宇、程叶青:《脆弱性的概念及其评价方法》,

《地理科学进展》2008 年第 2 期。

[106] Blaikie P, Cannon T, Davis I, et al. At Risk: Natural Hazards, People's Vulnerability and Disasters [M]. London: Routledge, 1994.

[107] Blaikie P, Cannon T, Davis I, et al. At risk: natural hazards, people's vulnerability and disasters [J]. Economic Geography, 2003, 72 (4): 460 -463.

[108] Adger W N. Vulnerability [J]. Global Environmental Change, 2006, 16 (3): 268 -281.

[109] 弗雷德·W·里格斯:《第三世界各种政权的脆弱性》,《国际社会科学杂志》(中文版) 1994 年第 2 期。

[110] Sen A. Poverty and famines: an essay on entitlement and deprivation [M]. Oxford university press, 1982.

[111] Sen A. Resources, values, and development [M]. Harvard University Press, 1997.

[112] Cutter S L. Living with risk: The geography of technological hazards [M]. London: Edward Arnold, 1993.

[113] Desarrollo B I D. Un tema del desarrollo: La reducción de la vulnerabilidad frente a los desastres [C]// Inter-American Development Bank, 2000.

[114] Timmerman P. Vulnerability, Resilience and the Collapse of Society: A Review of Models and Possible Climatic Applications. Toronto, Canada: Institute for Environmental Studies, University of Toronto, 1981.

[115] Nd T B, Kasperson R E, Matson P A, et al. A framework for vulnerability analysis in sustainability science [J]. Proceedings of the National Academy of Sciences of the United States of America,

2003, 100 (14): 8074 -8079.

[116] Dow K. Exploring differences in our common future (s): the meaning of vulnerability to global environmental change [J]. Geoforum, 19, 23 (3): 417 -436.

[117] Vogel C. Vulnerability and global environmentalchange [J]. Information Bulletin on Global Environmental Change and Human Security, Issue No. 13. Environmental Change and Security Project and the International Development Research, 2004, 3 (2): 201 -209.

[118] 刘燕华、李秀彬:《脆弱生态环境与可持续发展》,商务印书馆,2001。

[119] Clark W C, Schrer D, Patt A, et al. Vulnerability and Resilience for Coupled Human-Environment Systems: Report of the Research and Assessment Systems for Sustainability Program 2001 Summer Study [M]. Airlie House, Warrenton, Virginia, 2001.

[120] Adger W N. Vulnerability [J]. Global Environmental Change, 2006, 16 (3): 268 -281.

[121] Martha G. Roberts、杨国安:《可持续发展研究方法国际进展——脆弱性分析方法与可持续生计方法比较》,《地理科学进展》2003 年第 1 期。

[122] Adger W N. Social Vulnerability to Climate Change and Extremes in Coastal Vietnam [J]. World Development, 1999, 27 (2):: 249 -269.

[123] 章元:《贫困的脆弱性研究综述》,《经济学动态》2006 年第 1 期。

[124] Turner B L, Kasperson R E, Matson P A, et al. A framework for vulnerability analysis in sustainability science [J]. Proceedings of

the national academy of sciences, 2003, 100 (14): 8074 – 8079.

[125] Eakin H, Luers A L. Assessing the vulnerability of social environmental systems [J]. Annual Review of Environment and Resources, 2006, 31 (1): 365 – 394.

[126] Schroter D, Metzger M J, Cramer W, et al. Vulnerability assessment-analysing the human-environment system in the face of global environmental change [J]. ESS Bulletin, 2004, 2 (2): 11 – 17.

[127] 史培军、王静爱、陈婧等：《当代地理学之人地相互作用研究的趋向：全球变化人类行为计划（IHDP）第六届开放会议透视》,《地理学报》2006 年第 2 期。

[128] Turner B L, Kasperson R E, Matson P A, et al. A framework for vulnerability analysis in sustainability science [J]. Proceedings of the national academy of sciences, 2003, 100 (14): 8074 – 8079.

[129] Young O R, Berkhout F, Gallopin G C, et al. The globalization of socio-ecological systems: An agenda for scientific research. Global Environmental Change, 2006, 16 (3): 304 – 316.

[130] Turner B L, Kasperson R E, Matson P A, et al. A framework for vulnerability analysis in sustainability science [J]. Proceedings of the national academy of sciences, 2003, 100 (14): 8074 – 8079.

[131] 刘燕华、李秀彬：《脆弱生态环境与可持续发展》，商务印书馆，2001。[132] 徐广才、康慕谊、贺丽娜等：《生态脆弱性及其研究进展》,《生态学报》2009 年第 5 期。

[133] 方一平、秦大河、丁永建：《气候变化脆弱性及其国际研究进展》,《冰川冻土》2009 年第 3 期。

[134] Martensa P, McEvoya D, Chang C. The climate change challenge: linking vulnerability, adaptation, and mitigation [J]. Current Opinion in Environmental Sustainability, 2009, 1 (1): 14 – 18.

[135] 郝璐、王静爱、史培军等：《草地畜牧业雪灾脆弱性评价：以内蒙古牧区为例》，《自然灾害学报》2003 年第 2 期。

[136] Ziad A M, Amjad A. Intrinsic vulnerability, hazard and risk mapping for karst aquifers: A case study [J]. Journal of Hydrology, 2009, 364 (3-4): 298-310.

[137] 王黎明、关庆锋、冯仁国等：《全球变化视角下人地系统研究面临的几个问题探讨》，《地理科学》2003 年第 4 期。

[138] Eakin H, Luers A L. Assessing the vulnerability of social environmental systems [J]. Annual Review of Environment and Resources, 2006, 31 (1): 365-394.

[139] Briguglio L. Small island states and their economic vulnerabilities [J]. World Development, 1995, 23 (9): 1615-1632.

[140] 李鹤、张平宇：《东北地区矿业城市社会就业脆弱性分析》，《地理研究》2009 年第 3 期。

[141] O'Brien K, Eriksen S E H, Schjolden A, et al. What's in a word? Conflicting interpretations of vulnerability in climate change research [J]. CICERO Working Paper, 2004.

[142] Füssel H M. Vulnerability: A generally applicable conceptual framework for climate change research [J]. Global environmental change, 2007, 17 (2): 155-167.

[143] Gallopín G C. Linkages between vulnerability, resilience, and adaptive capacity [J]. Global Environmental Change, 2006, 16 (3): 293-303.

[144] Luers A L, Lobell D B, Sklar L S, et al. A method for quantifying vulnerability, applied to the agricultural system of the Yaqui Valley, Mexico [J]. Global Environmental Change, 2003, 13 (4): 255-267.

[145] o'Brien K, Leichenko R, Kelkar U, et al. Mapping vulnerability to multiple stressors: climate change and globalization in India [J]. Global environmental change, 2004, 14 (4): 303 -313.

[146] Chazal J D, Quétier F, Lavorel S, et al. Including multiple differing stakeholder values into vulnerability assessments of socio-ecological systems [J]. Global Environmental Change, 2008, 18 (3): 508 -520.

[147] Bohle H G. Vulnerability and criticality: perspectives from social geography [J]. IHDP update, 2001, 2 (01): 3 -5.

[148] Turner B L, Kasperson R E, Matson P A, et al. A framework for vulnerability analysis in sustainability science [J]. Proceedings of the national academy of sciences, 2003, 100 (14): 8074 -8079.

[149] Cutter S L. Vulnerability to environmental hazards [J]. Progress in human geography, 1996, 20 (4): 529 -539.

[150] 韦琦、金鸿章、姚绪梁等:《基于脆性的复杂系统崩溃的初探》,《哈尔滨工程大学学报》2003 年第 2 期。

[151] 韦琦、金鸿章、郭健:《基于脆性联系熵的复杂系统崩溃致因研究》,《自动化技术与应用》2003 年第 4 期。

[152] 韦琦:《复杂系统脆性理论及其在危机分析中的应用》,哈尔滨工程大学博士学位论文,2003。

[153] Hanamura T. Japan's new frontier strategy: Underground space development [J]. Tunnelling and Underground Space Technology, 1990, 5 (1 -2): 13 -21.

[154] Nishida Y, Uchiyama N. Japan's use of underground space in urban development and redevelopment [J]. Tunnelling and Underground Space Technology, 1993, 8 (1): 41 -45.

[155] Roberts D V. Sustainable development and the use of underground

space [J]. Tunnelling and Underground Space Technology, 1996, 11 (4): 383 - 390.

[156] Bobylev N. Mainstreaming sustainable development into a city's Master plan: A case of Urban Underground Space use [J]. Land Use Policy, 2009, 26 (4): 1128 - 1137.

[157] 黄东宏:《利用地下空间建立城市综合防灾空间体系》,清华大学硕士学位论文,1995。

[158] 童林旭:《地下空间概论(一)》,《地下空间》2004 年第 1 期。

[159] 吕元:《城市防灾空间系统规划策略研究》,北京工业大学博士学位论文,2004。

[160] 王薇:《城市防灾空间规划研究及实践》,中南大学博士学位论文,2007。

[161] 王秀英、王楚恕:《城市的安全发展与地下空间利用》,《中国安全科学学报》2003 年第 5 期。

[162] 周云、汤统壁、廖红伟:《城市地下空间防灾减灾回顾与展望》,《地下空间与工程学报》2006 年第 3 期。

[163] 陈倬、佘廉:《城市安全发展的脆弱性研究——基于地下空间综合利用的视角》,《华中科技大学学报(社会科学版)》2009 年第 1 期。

[164] Qian Q, Lin P. Safety risk management of underground engineering in China: Progress, challenges and strategies [J]. Journal of Rock Mechanics and Geotechnical Engineering, 2016, 8 (4): 423 - 442.

[165] 陈志龙:《城市地下空间规划》,东南大学出版社,2005。

[166] Shan M, Hwang B, Wong K S N. A preliminary investigation of underground residential buildings: Advantages, disadvantages, and critical risks [J]. Tunnelling and Underground Space Tech-

nology, 2017, 70: 19 – 29.

[167] 陈倬、佘廉:《城市安全发展的脆弱性研究 – 基于地下空间综合利用的视角》,《华中科技大学学报》(社会科学版), 2009 年第 1 期。

[168] 蔡兵备:《城市地下空间产权问题研究》,《中国土地》2003 年第 5 期。[169] 高艳娜:《城市地下空间开发利用的产权制度分析》, 南京理工大学硕士学位论文, 2005。

[170] 刘春彦、宋希超:《地下空间使用权性质及立法思考》,《同济大学学报》(社会科学版) 2007 年第 6 期。

[171] 陈建祥;《城市地下空间使用权估价方法和估价模型初探》,《世界经济情况》2010 年第 2 期。

[172] 王郑、程李李:《城市地下空间使用权应用型估价方法初探》,《太原大学学报》2006 年第 12 期。

[173] 张慧:《地下空间权研究》, 南京航空航天大学硕士学位论文, 2008。

[174] 张长元、陈建华:《安全外部性问题》,《工业安全与环保》2003 年第 10 期。

[175] 曼瑟尔·奥尔森:《集体行动的逻辑》, 上海三联书店、上海人民出版社, 1996。

[176]《新帕尔格雷夫经济学大辞典》, 经济科学出版社, 1996。

[177] 阎耀军:《社会管理的前馈控制》, 社会科学文献出版社, 2013。

[178] 罗云:《安全经济学(第三版)》, 化学工业出版社, 2017。

[179] 梅强:《安全经济学》, 机械工业出版社, 2019。

[180] 詹姆斯·罗西瑙:《没有政府的治理》, 张胜军、刘小林等译, 江西人民出版社, 2001。

[181] 张国庆:《公共行政学》, 北京大学出版社, 2007。

[182] 俞可平：《治理与善治》，社会科学文献出版社，2000。

[183] 理查德·C. 博克斯：《公民治理：引领21世纪的美国社区》，中国人民大学出版社，2013。

[184] 姜晓萍：《国家治理现代化进程中的社会治理体制创新》，《中国行政管理》2014年第2期。

[185] 植草益：《微观规制经济学》，中国发展出版社，1992。

[186] 维斯库斯：《反垄断与感知经济学》，陈甬军等译，机械工业出版社，2004。

[187] 高鸿业等：《现代西方经济学（第二版）》，经济科学出版社，2000。

[188] 袁庆明：《新制度经济学》，中国发展出版社，2005。

[189] 汪应洛：《系统过程》，机械工业出版社，2001。

[190] Schultz T. W. Institutions and rising economic value of man. American Journal of Agricultural Economics，1986，50：1113 -1122.

[191] North D C. Institution，Institutional Change and Economic Performance. London：Cambridge，1990：45.

[192]《邓小平文选》第2卷，人民出版社，1994。

[193] 植草益：《微观管制经济学》，朱绍文等译，中国发展出版，1992。

[194] Freeman R. E. A Stakeholder Approach. Strategic Management (25)，Boston：Pitman，1984.

[195] 侯光明、李存金：《管理博弈论》，北京理工大学出版社，2005。

[196] 李斌、孙靳：《委托—代理理论视野下地方政府公共服务责任问题探析》，《四川行政学院学报》，2006年第1期。

后　记

城市地下空间的开发利用是伴随着城市化进程兴起的。随着城市化进程的快速发展，城市人口急剧增加，带来大气污染、交通拥堵、水资源短缺、治安恶化等问题，越来越影响到居民的日常生活，导致城市地面公共空间相对供给不足，城市公共空间的安全问题也日益凸显。为了缓解上述问题，城市公共空间的开发利用由地上转入地下，大城市或特大城市的地下交通设施、地下管网、地下停车场、地下商业设施、大型地下综合体的开发利用进入新一轮的高峰期。

西方发达国家对于城市地下空间的开发和利用已有近 150 年的历史，业已形成地下交通、城市管网、地下能源、水源储备和地下商业综合体开发等一系列综合开发模式。自 1977 年第一届地下空间国际学术会议在瑞典召开后，近 30 年来，国外学术界一直关注对城市地下空间的研究，曾多次召开以地下空间为主题的国际学术会议，并通过了很多呼吁开发利用地下空间的决议、文件和宣言。从 2000 – 2019 年的文献统计来看，对城市地下空间安全管理的研究只占地下空间研究的约十分之一左右。在众多地下空间开发利用的国家中，日本是世界上城市地下空间利用比较成熟的国家，对地下空间的管理法规健全、产权明晰、机制灵活。日本政府制定了大深度利用安全指针，该指针针对火灾与爆炸、地震、进水、停电、犯罪等提出了不同的措施。

我国城市地下空间的开发利用起步较晚，但各大都市对地下空间的开发利用却如火如荼。相关资料显示，“九五”期间，全国人防重点城市年竣工面积150万平方米，到了“十五”期间，就达到了1200万－1500万平方米，进入“十一五”以后，每年竣工在2000万平方米左右。地下空间的开发利用已经成为当前我国城市新的建设亮点及新的经济增长点。2006年同济大学徐梅博士对城市地下空间的灾害管理进行了系统研究，总结归纳了城市地下空间可能出现的灾害类型及事故特征，提出用“二元化”的方法构建城市地下空间灾害管理体系。2007年11月在上海召开的“2007中国城市地下空间开发高峰”论坛，将“安全、资源、环境三位一体，作为城市地下空间资源开发利用的发展方针”，安全被放在了首位。同年12月上海市民防办公室、城市地下空间管理联席会议办公室共同主办了“城市地下空间安全使用管理专题研讨会”，大会围绕“加强城市地下空间安全使用”的主题深入研讨交流，重点探讨了城市地下空间安全使用的管理机制与职能划分、安全防范对策、安全风险评估及配套政策措施等课题。在2010年8月13日于北京召开的第二届全国工程安全与防护学术会议上，将“城市地下空间基础设施安全风险控制与对策”作为会议主题，并专题讨论了“城市地下空间安全风险管理及控制技术措施”和“城市地下空间运营安全风险问题”。

从国内外现有研究文献来看，对城市地下空间的研究主要是集中在开发利用方面，更多的是从工程的角度对地下空间的结构、开发的可行性、开发带来的效益等方面来进行研究，对地下空间安全管理方面的研究还处于起步阶段。国内外学者、专家、政府官员、研究院所、普通民众等都关注到了城市地下空间开发所带来的安全问题，地下空间安全已经成为影响城市健康发展的重要因素。但对城市地下空间安全系统、安全产生的外部性以及安全管理制度和安全管理利益相关者间的协同关系等问题，既缺乏理论探索，也缺乏实证研究。

对此，本书立足以城市地下空间的安全管理和以安全外部性为切入点，以城市地下空间安全为目标，从研究动态和文献考察分析了城市地下空间的灾害类型及安全管理现状；从系统论、复杂性理论、耗散结构理论、协同论、突变论等维度构建了城市地下空间安全系统；从复杂系统的脆性视角分析了城市地下空间安全系统运行机制；从城市地下空间安全的外部性表现及特征、前馈控制与反馈控制等视角分析了城市地下空间安全外部性控制与治理机制；从外部性、公共物品、委托代理、利益相关者等维度分析了城市地下空间安全外部性的政府治理；运用委托代理理论、博弈论等进行了城市地下空间安全外部性治理的制度设计；从系统需求、系统设计的维度构建了城市地下空间安全预警平台。

在研究过程中，本书在借鉴和参考当前学界理论和观点基础上，在研究视角、研究思路、模型构建及制度设计等方法，尝试性地进行了创新。一是构建了城市地下空间安全系统，研究了城市地下空间安全系统的运行机制；二是构建了城市地下空间安全的外部性控制模型，研究了城市地下空间安全外部性控制与治理机制，提出了城市地下空间安全外部性治理措施；三是将政府管制作为地下空间安全外部性控制的重要内容，分析了地下空间安全管制的需求和供给现状，构建了政府安全管制机构和经营企业间的博弈模型，提出了政府管制的具体措施；四是将利益相关者作为地下空间运营安全的有力保障，分析了利益相关者之间的责任关系，构建了安全利益相关者之间的委托代理模型，进行了城市地下空间安全管理制度设计；五是构建了城市地下空间安全预警平台，作为城市地下空间安全运营的有力保障。

本书是笔者主持的国家社会科学基金项目（13BGL130）的最终研究成果。在项目调研、专题研究、项目进展和书稿撰写过程中，项目的基金资助有效保障了最终成果的产出。该成果是在笔者博士论文基础上进行的深入研究，在此感谢我的博士导师谭章禄教授一直以来的大力支持；感谢中国未来研究会常务副理事长、评估与预测分会会长阎耀军教授的无私帮助；项目团队陆相林教授撰写了第四章关于复杂系统的脆性分析和城市地下空间安全系统脆性机制，感谢他的辛苦付出。同时，该书的出版，社会科学文献出版社的丁凡编辑，付出了大量心血，在此表示深深地感谢！

该书针对城市地下空间外部性治理进行的研究，在学术建树、思路体系、逻辑分析、模型构建等诸多方面，仍存在不足之处，恳请学界和业界的专家学者批评指正。

赵丽琴

2022 8

图书在版编目(CIP)数据

城市地下空间安全的外部性控制与治理 / 赵丽琴著
. -- 北京 : 社会科学文献出版社, 2022.8
ISBN 978 - 7 - 5228 - 0163 - 6

Ⅰ. ①城… Ⅱ. ①赵… Ⅲ. ①城市空间 - 地下建筑物 - 安全管理 - 研究 Ⅳ. ①TU94

中国版本图书馆 CIP 数据核字 (2022) 第 090525 号

城市地下空间安全的外部性控制与治理

著　　者 / 赵丽琴

出 版 人 / 王利民
责任编辑 / 丁　凡
责任印制 / 王京美

出　　版 / 社会科学文献出版社 · 城市和绿色发展分社 (010) 59367143
地址: 北京市北三环中路甲 29 号院华龙大厦　邮编: 100029
网址: www.ssap.com.cn
发　　行 / 社会科学文献出版社 (010) 59367028
印　　装 / 三河市龙林印务有限公司

规　　格 / 开　本: 787mm × 1092mm　1/16
印　张: 16.5　字　数: 212 千字
版　　次 / 2022 年 8 月第 1 版　2022 年 8 月第 1 次印刷
书　　号 / ISBN 978 - 7 - 5228 - 0163 - 6
定　　价 / 78.00 元

读者服务电话: 4008918866